勤儉節約

高占龍——著

微利時代的賺錢哲學

成功由勤儉節約開始，失敗因奢侈浪費所致

勤儉節約是中華民族的傳統美德，也是一個人品德高尚的表現。

前言

中國有句古訓：成由勤儉，敗由奢。成功由勤儉節約開始，失敗因奢侈浪費所致，勤儉節約是中華民族的傳統美德，也是一個人品德高尚的表現。對家庭來說，勤儉得以持家；對國家來說，勤儉得以安國；對企業來說，「節約就等於發展生產力」。

勤儉節約是企業發展進步的內在動力，是企業持續發展之本。尤其是現代化的企業，提高效益已經不僅僅取決於生產與銷售的業績，通過「節能降耗」來實現和創造利潤，也是企業效益的重要組成部分！

在一些媒體上，經常可以看到關於跨國企業巨頭們節儉方面的報導，他們的「摳門」，聽起來有點讓人不可思議，這些企業家大業大，但在一些方面，卻有著讓人吃驚的「吝嗇」表現。

在思科總部一間辦公室的玻璃窗上，貼著一組從報紙上剪下的三幅漫畫。漫畫中有兩個人物，一個被吊在天花板上接受審問，另一個站在下面大發雷霆。第一幅，站立者正生氣地發問：「不是說好出差伙食費控制在十美元之內嗎，爲什麼超過標準？」

第二幅，站立者仍在發怒：「早就和你說了，開車時順便逮隻鴿子，到旅館後用電熨斗把毛燙掉，吃下去，省點錢。」

第三幅，被吊者囁嚅著：「我確實照辦了，但電熨斗燙毛的速度太慢。」

站立者怒氣沖沖地大吼道：「爲什麼不調到最大檔上？」

漫畫注釋：被吊者是思科員工，正在發火的是其 CFO 拉里・卡特。漫畫反映的就是思科近乎「摳門」的節儉。

同樣，全球最大的零售企業沃爾瑪公司，也是有名的「摳門」專家。沃爾瑪公司的名稱，充分體現了公司創始人沃爾頓的節儉習性。美國人習慣上用創業者的姓氏爲公司命名。沃爾瑪本應叫「沃爾頓瑪特」（Walton-Mart，Mart的意思是「商場」），但沃爾頓在爲公司定名時，把製作霓虹燈、廣告牌和電氣照明的成本等全都計算了一遍，他認爲省掉「ton」三個字母可以節約一筆錢，於是只保留了「WALMART」七個字母——它不僅是公司的名稱，也是創業者節儉品德的象徵。沃爾瑪中國總店的管理者們，對老沃爾頓的本意心領神會，他們沒有把「WALMART」譯成「沃爾瑪特」，而是譯成了「沃爾瑪」。一字之省，足見精神。

正是因爲沃爾瑪執著於節儉的經營理念，這家零售業巨人才得以在全球市場上所向披靡。

只有節儉，企業才能生存。在微利時代，對於是否節儉的問題，企業面臨的只有一種必然的選擇，跨國企業巨頭們用他們的行爲，證明節儉是一種永不過時的品質。在市場競爭日益激烈的今天，節儉已經不僅僅是一種美德，更是一種成功的資本、一種企業的競爭力。節儉不再是「老」、「舊」、「土」、「粗」的東西，而是財富和利潤的發動機。任何一家企業要創造出良好的經濟效益，必須爭取「少投入、多產出」，只有堅持節約、降低成本，才能不斷取得競爭的優勢，創造更大的經濟價值。

本書從管理的角度，深刻地闡述了節儉對於企業在市場競爭中的重要作用，並提出了一些行之有效的節儉辦法，以供企業管理者們參考。

目錄
Contents

第三章　培養節儉的企業文化

第四章　低成本戰略

目錄
Contents

節儉
Thrifty

第六章　節儉行銷

第一章
最大的利潤來自節儉
PART 1

節儉

Thrifty

企業的生存與發展要靠競爭力，可競爭力從哪裡來呢？許多人的答案一定是「市場」。的確，企業一般都是通過向外部市場提供產品與服務來賺取利潤，尤其是在產業發展的初期，由於競爭不夠充分，企業會覺得市場像是剛開發的油井一樣，怎麼挖怎麼有。可是一旦產業發展成熟，企業之間競爭會日趨激烈。到了一定階段，一方面，企業都會採取擠壓利潤——也就是降價的方法——來換取市場空間；另一方面，企業能夠支撐到最後，往往都具有一定的實力，大家能夠提供的產品越來越同質化，沒有誰能在市場上取得壟斷地位。

在這種情況下，企業要想在市場上取得競爭力，變得越來越困難，惟有轉向內部挖掘潛力，通過降低內部生產成本來增加競爭力。所以一個產業發展到了一定階段，競爭往往就是企業成本的比拼，誰的成本低，誰獲取的利潤就大，誰就會在市場中更具競爭力。對企業來說，降低成本的不二法門就是節儉。節儉是企業財富和利潤的發動機，只有節儉，企業才能生存。

1 節儉是經濟全球化的必然要求

隨著經濟全球化的迅猛發展，資訊技術的日益普及，地域對於經濟的影響已經越來越小。勞動力資源、技術資源、資金等，都因全球化而變得越來越成爲共有的資源。經濟的全球化，使得地區所獨自享有的資源優勢正在逐漸喪失。

對於企業來說，一味地引進高新技術，不見得能形成多少競爭優勢，相反的，在內部管理上多下功夫、不斷降低成本，對企業來說，卻是一條行之有效的捷徑。要知道，技術固然是競爭力，但也不要忘記，降低成本也可以形成競爭力。

曾幾何時，由於經濟的相對封閉性，擁有低廉的勞動力或者豐富自然資源的地區，在競爭中都會佔有一定的優勢。這些地區的企業，可以憑藉地區優勢稱霸一方、獨佔市場。

但是隨著經濟全球化的迅猛發展，資訊技術的日益普及，地域對於經濟的影響已經越來越小。勞動力資源、技術資源、資金等，都因全球化而變得越來越成爲共有的資源。經濟的全球化，使得地區所獨自享有的資源優勢已經喪失殆盡。全球化的大公司，同樣可以使用低廉的勞動力成本以及其他資源成本。這些低廉的資源成本，結合自己的技術、資金優勢，能使這些大公司在競爭中立於不敗之地。

從世界範圍來看，當初日本企業與歐美企業競爭，靠的就是勞動力成本低廉，但這一競爭優勢很快被亞洲「四小龍」所取代。隨著時間地推移，亞洲「四小龍」在勞動密集型產品上的成本優勢，又被中國內地所取代，因爲後者較前者成本更低。

以手機業爲例，國產手機一直將「低價」作爲企業的競爭優勢，因爲低廉的勞動力成本，使市場整體營運成本可以較外商相比低許多。因此，即使採取低價策略，仍可維持相當的利潤。

一九九九年，「波導」介入手機行業以後，一年之內，就在中國二十八個省、市、自治區建立了數百個銷售公司，在國內市場迅速形成規模銷售的態勢，至今「波導」的銷售網站已經達到了三萬個。

但隨著全球化進程的加快，國產手機的這種優勢已經不再明顯，各大手機製造商紛紛進入中國，爭奪低價手機市場。索尼愛立信公司宣佈將擴大產品範圍，增加在低價市場上的機型；西門子、摩托羅拉將推出三十、四十美元的低價手機；一直在低價市場有良好表現的諾基亞公司，也宣佈將把德州儀器開發的 DRP 技術，應用到未來的手機產品中，以降低手機的製造成本……

洋品牌的超低價手機，對於一直走中低價路線的國產手機廠商，產生了強大的壓力。日趨白熱化的市場競爭，利潤的明顯下滑，喪失了地區優勢的國產手機，在市場上表現糟糕。最新資料顯示，二〇〇四年國產手機品牌的市場佔有率明顯下降，第四季度國產品牌在GSM手機市場的份額已下降到40%，在CDMA手機市場的份額，也已降到30%。

面對全球經濟一體化，企業單純依靠地區資源，已經沒有多少優勢可言。要想在競爭激烈的市場中佔有一席之地，就必須提升企業的內部動力，從企業內部挖掘潛力、厲行節儉，不斷降低成本，這樣才能夠應對全球化所帶來的激烈競爭，彌補所喪失的地區資源優勢。

從長遠發展的觀點看，應對國際化帶來的競爭，最根本的方法，是構建並提高自身的核心競爭力。沒有實力，一切都將無能爲力，在經濟全球化的今天，企業如何發揮自己的競爭力？除了增加技術含量以提高企業競爭力外，主要還在於企業能否用較低的成本，生產出同樣的產品，或者說，同樣的成本生產出更多的產品，並且還能把這些產品賣出去。要做到這一點，「節儉」是一個關鍵。

時下，許多企業都知道把降低成本作爲工作的重點，也有不少企業自認爲他們的成本管理很到位，並且可爲企業帶來效益。然而，縱觀我國企業的成本管理工作，與國外企業相比，還存在以下誤區：

第一，我國企業的成本管理，多爲企業領導和財務人員所操心，成本控制在成本管理中占重要位置，員工只是爲完成成本控制目標而工作，缺乏主動性，是「自上而下」的成本管理。

第二，企業成本管理重點在表面分析和行政管理上，在那些容易被抓住和容易被「看見」的成本與費用上，如製造過程中原材料價格降低、行政管理中的辦公經費、業務招待費、差旅費等，而怎樣降低那些不易被抓住和不易被「看見」的成本，我國企業則很少考慮，如提高設備利用率，提高勞動生產效率等。

第三，很多企業的成本管理工作是「任務型、控制型」的，從領導層到員工，都在爲完成目標成本而努力。而國外企業的成本管理是「效率型、管理型」的，除控制製造成本和各項費用支出外，更注重加強對企業員工的培訓，培養全面多能的企業員工，提高人的勞動效率。

第四，我國企業的設備老化與陳舊是普遍現象，有些企業卻採用不提成或少折舊的方式來降低成本，這使得產品的競爭力逐漸下降。更新改造資金也主要依靠國家支援，較少考慮自籌。

對企業來說，技術固然是競爭力，但不要忘記，成本也是競爭力，我們的企業應該考慮採用「適當的技術」來發展生產，這種技術應該能夠實現企業的盈利，這對中國才是明智的。因此，對於企業來說，在某種程度上，一味地引進高新技術，倒不如多在節約生產成本上下點功夫更為有用。

2 杜絕任何多餘的浪費

企業生產經營的目的是追求利潤最大化，要追求利潤最大化，就必須最大限度地降低成本，而降低成本的關鍵點是降低生產成本，要降低生產成本，就必須徹底消除生產過程中的各種浪費。

中國大陸企業間的競爭日趨激烈，產品供大於求的現象越來越突出。隨著資訊的進一步透明，人才的不斷流動，技術的同質化傾向越來越明顯，企業很難再利用自己的專有技術，賺取高額利潤。所以，企業往往採取降低價格，作爲市場競爭的最重要的手段，結果使企業的利潤越來越少，很多企業面臨虧損。於是，大家都開始想到了控制成本，在市場經濟激烈競爭的今天，每一個企業家都非常明白，在財富創造和財富積累的過程中，控制成本是非常重要的一個環節，但並不是每個企業家都能夠成功地把成本控制在最低和最合理的範圍內。在這方面，美國的捷藍航空公司給了我們很多啓發。

在發生「九．一一」恐怖襲擊三年後，美國很多大型航空公司依然難以擺脫經營上的困境，但尼勒曼掌舵的捷藍航空卻逆流而上，盈利達到一億美元、平均滿座率達86%，並被評爲服務素質最好的美國航空公司，如此表現，在美國航空業又創下一個驚人的奇蹟。

在美國西部各航空公司的票價中，捷藍的票價比大型航空公司低75%，甚至比素以低價優質著稱的西南航空公司還要低。而捷藍的成功，主要在於它將營運成本降到了最低，在每一個環節都絕不浪費。

爲了降低成本，在建設基礎設施時，捷藍的想法是設法使開支低於航空業一般水平。比如說訂票系統，捷藍航空公司在鹽湖城設有七百人的預訂中心，但是所有的銷售員都在家辦公，一台電腦、兩條電話線、一部對講機，這便是捷藍的銷售網站。捷藍此舉，既可很容易地擴大銷售網路，又可減少租賃辦公室的開支，同時也使員工與顧客的關係更爲親密。

靈活運用 IT 技術，也是捷藍控制成本的關鍵因素。傳統航空公司的機票，只有10%是通過網路售出的，但是網上訂票在捷藍航空公司所占的比例，超過了50%，這大大地降低了銷售成本。另外，尼勒曼採取無紙化操作，使乘客非常方便地獲得機票；運用一體化的預定和統計技術，讓座位安排更順暢。這些措施既方便乘客又能節省開支。

同時，捷藍取消了頭等艙，讓每個座位都更寬敞、更舒適，令乘客受到一視同仁的待遇。節約下的資金被用來安裝顧客需要的設備，捷藍航班上的每個座位都配有衛星電視。它是美國航空公司中，第一家提供衛星電視服務的公司，這也使得捷藍聲名大振。

決定航空公司成敗的主要因素之一，是飛機在空中的飛行時間。這其中一個大的障礙，是航空維護人員的大量的紙面工作，這固然是爲了保障飛機的正常維修和安全飛行，但無論如何總是巨大的障礙。捷藍的解決方法是構建一個系統，使機械師線上做報表。這可以使紙質方式不可避免的錯誤大大減少。

由於航線的安排密集，捷藍的飛機利用效率，在所有航空公司中是最高的。同樣一架飛機，在捷藍每天可以飛行十二小時，而在美聯航、美國航空公司和美洲航空公司，只能飛行九小時，另一個實現盈利的西南航空公司的飛機，每天飛行時間則爲十一小時。由於機隊飛機有限，班次一定要頻密。捷藍認爲，理想的停機時間不能超過三十五分鐘，即乘客八分鐘內全部下機，清潔五分鐘，下一班機乘客登機二十分鐘。

捷藍目前擁有的飛機，是全新的空中巴士 A320 型。全新的飛機不僅能夠吸引乘客，飛行更安全，而且維護費用也要比老飛機低四分之一以上。由於機種單一，捷藍的地勤、技術人員的培訓成本也因此下降。與西南航空公司一樣，捷藍的飛機在飛行途中不提供正餐，只提供飲料和零食。

這一政策，一年替捷藍省下了一千五百萬美元。

精打細算的經營策略，給捷藍帶來了高出同行一截的效率。按一百英里計算，捷藍航空二〇〇二年上半年每個座位的收入是八．二七美元，而其成本是六．八二美元。以低價著稱的西南航空公司的這一收入是七．六一美元，成本是七．三一美元。

對低成本的著力追逐，使得捷藍航空公司能夠在價格上取得優勢。據相關資料顯示，其每英里每位乘客成本爲六．〇八美分，是美國所有航空公司中的最低成本。專家分析說，這足以支撐其低價策略。

總的來說，與美國其他大的航空公司相比較，捷藍公司有五個經營特色：

（1）低價吸引客戶；

（2）日飛行十二小時；

（3）新機型、無正餐；

（4）奉行節儉原則；

（5）服務更爲完善。

我們知道，任何一個商品或一項服務，它的價值構成都是c、v、m，c是指不變成本，對航空公司來說，就是指購買的飛機和使公司運營的固定資產，如大樓、辦公室、辦公設備等；v是指可變成本，指雇傭飛行員、技師和空中小姐的費用；m是指新增加的價值，也可以說是扣除成本後的盈利。按照投入產出的概念，c、v是投入部分，m是產出部分，

c、v可作爲分母，m是分子，分子越大、分母越小，投入產出的效益就越好；反之，投入產出的效益就越差。從上面的案例不難發現，捷藍公司的五個經營特色中，有四個與控制成本有關，而這正是它在競爭中取勝的重要法寶。

任何一個企業控制成本都是必要的，但任何成本都有一個下限，這個下限就是它的合理水平，保持在這個水平上，企業才能以最小的投入，得到最大的產出。低於這個水平是違反客觀規律的，但高於這個水平，又會直接影響企業的經濟效益。

3 節儉取得競爭優勢

說一個企業競爭力很強，許多人可能會想，該企業的技術實力一定很強，或者擁有具備較高素質的員工，或者管理體制比較先進，資金流量比較充足，銷售體系比較完備等等，諸如此類。這些想法無疑都有一定的道理。但是，如果我們換一種更加簡單明瞭的說法，那就是——這個企業的成本控制力很優秀。

企業的生存與發展要依靠競爭力，可是競爭力從哪裡來呢？許多人的答案一定是「市場」。的確，企業一般都是通過向外部市場提供產品與服務來賺取利潤，尤其是在產業發展的初期，由於競爭不夠充分，企業會覺得市場就像是剛開發的油井一樣，怎麼挖怎麼有。可是一旦產業發展成熟，企業之間競爭會日趨激烈。到了一定階段，一方面，企業都會採取擠壓利潤——也就是降價的方法——來換取市場空間；另一方面，企業能夠支撐到最後，往往都具有一定的實力，大家能提供的產品越來越同質化，沒有誰能在市場上取得壟斷地位。

在這種情況下，企業要想在市場上取得競爭力，變得越來越困難，惟有轉向內部挖潛，通過降低內部生產成本來增加競爭力。所以，一個產業發展到了一定階段，競爭往往就是企業的成本比拼，誰的成本低，誰獲取的利潤就大，誰就會在市場中更具競爭力。當然，從另一個角度看，激烈的市場競爭對企業來說也是一件好事。顯而易見的一點就是，企業迫於降低成本的壓力，會挖空心思在管理、技術、生產等各個方面不斷加以優化，使企業自身素質得到快速提高，競爭力不斷加強。這在產業初期市場利潤豐厚的條件下是辦不到的。也正是從這個意義上講，節約成本就是提高競爭力。

提高競爭力，一靠創新產品，二靠節約成本。以節儉、約束、高效爲價值取向，從而達到降低成本、高效管理，進而使企業集中核心力量，獲得可持續競爭的優勢。我們常說，要不斷調整產業結構和產品結構、促進產業升級，其實質就是要不斷引進新技術、新工藝，不斷開發新產品，不斷生產出具有新功能的產品，或用更低的成本生產產品。一個企業做到這兩點，就能在市場競爭中獲勝，一個國家做到這兩點，就能在國際競爭中獲勝。

沃爾瑪能夠取得今日的成就，很大程度上歸功於其成本領先戰略的正確運用。沃爾瑪對於自己的經營對象非常清楚，它既不是產品，也不是市場，而是成本——整個企業的流通成本，只有成本領先，才是市場競爭取勝的關鍵。基於此，沃爾瑪確立了「成本領先」的競爭戰略，並進行了正確實施。反觀那些業績平平、在夾縫中艱難生存的企業，絕大多數沒有明確的競爭戰略，往往既不是低成本控制者，也不是獨樹一幟的產品或服務提供者，模糊不清的戰略，加上不恰當的實施策略與措施，使這類企業經常處於微利甚至虧損的狀態，我國大部分企業就屬於這種情況。

曾有人說，希望集團老總劉永行類似於金庸小說中的郭靖，練的是「降龍十八掌」，他就這麼一掌一掌地推過去，最後居然就把懷抱粗的大樹給攔腰切斷了。

「降龍十八掌」的掌法並不出奇，甚至可以說是笨拙，關鍵是看內功。內功是什麼？劉永行說，是企業的核心競爭力。對中國製造業來說，目前在全球的核心競爭力，就是低成本優勢，就是要節約成本。

二〇〇一年，希望集團走出「飼料情結」，開始做第二主業了，眾所周知，希望集團選擇了鋁電產業。爲什麼要做鋁電產業？劉永行說，因爲這產業也跟飼料有關係，屬於合理延伸，而且同樣地，希望集團可以做到極低成本。

劉永行對許多媒體說，從一九九五年起，他花了六年時間，研究鋁電產業循環鏈，有了這個，他就有了必勝的把握。

對於希望集團這個神秘的循環鏈，劉永行說：「依靠包頭大量煤炭資源建熱電廠，利用電能生產電解鋁，實現鋁電一體化；同時利用包頭豐富的玉米，生產賴氨酸；熱電廠產生的大量蒸汽，也可用於賴氨酸的生產；生產出的賴氨酸又成爲飼料的原料，而玉米渣和飼料最終可用於當地牛、雞等養殖業。」

劉永行說：「別人用一美元做成的事情，我們一元人民幣就可做到，這就是我們的核心競爭力。你說中國的製造業成本比國際上低這麼多，歐美有什麼能力能與中國製造抗衡？我們有什麼理由不成爲全球製造基地？」劉永行告訴我們一個道理：只有不斷節約生產成本、不斷降低生產成本，才能不斷取得競爭的優勢。這也是市場競爭中千古不變的眞理。

4 生產中減少10%的浪費，利潤就可增長100%

在市場競爭以及職業競爭日益激烈的今天，節儉已經不僅僅是一種美德，更是一種成功的資本、一種企業的競爭力。節儉的企業會在市場競爭中遊刃有餘、脫穎而出。

一般企業在激烈競爭中，能維持10%的淨利就算不錯了，尤其在不景氣的市場中，要想再成長，眞是難上加難。然而，走進任何企業，觸目所及，皆是浪費，簡直可用遍地黃金來形容，至少有30%，若能改善，所貢獻的是淨利增長，而且比接單容易多了。在一些企業中，下述現象就經常出現。

（1）設計錯誤、不良、過度的浪費。不僅原料、零件損失，而且加工、組裝困難，測試調整不易，尤其會阻礙銷售，往往血本無歸。設計的標準化、模組化可做防患。

（2）庫存過多、過久、過亂的浪費。不僅造成呆滯廢料的損失，還常造成滿庫物件，卻獨缺要用的一項。導致了停工損失，更可能因料賬不符造成徇私舞弊。惟有貫徹進、銷、存的規定，確保料賬相符，方能進一步改善。

（3）產能利用率不足、投資過度的浪費。連7-ELEVEN都二十四小時營業了，許多企業的土地、廠房、設備、機器卻只能幾個小時運轉，怎麼會有競爭力呢？

（4）產銷不順暢、不平衡的浪費。產大於銷，造成堆積；銷大於產，發生缺貨；旺季加班負擔重，淡季閒置損失多。計畫產銷，使其順暢平衡，既可快速切入市場，亦可減少浪費。

（5）品質不良，檢驗、重工、報廢的浪費。不論是進料檢驗、生產全檢，還是出貨測試，都是重複的無效工時，必須從一開始就做好並主動檢查，更可避免重工、報廢之損失。

（6）機具故障，停工、修復的浪費。機具故障率高，不僅是停工、修復的損失，尚包括備用機具的全套投資、維修人員薪資。其實，只要做好三級保養，幾乎可做到零故障。

（7）製作流程及生產線不平衡的浪費。「瓶頸關」通常使前後過程必須等待，更造成全套設施重複投資，惟有進行流程分析及動作分析，並通過改善疏通瓶頸，方得以最小成本增加產能。

太多的浪費大大提高了企業的成本，降低了企業的利潤。同時，有很多企業在制定目標時，定的是銷售額或市場佔有率而不是利潤。在舊經濟時代，有了市場佔有率，利潤就會接踵而來。

但在新經濟時代，擁有市場份額，並不能帶來預期的利潤。相反，對市場份額的熱切需求，反而是導致企業進入無利潤區的最大根源，中國企業的資產利用率普遍不高，盈利水平不到國外企業的30％，企業採購成本偏高，財務融資成本偏大，庫存積壓資金極大，應收賬款問題嚴重，以及價格損失過大。這些都使企業流失了大量利潤。

臺灣企業界「精神領袖」台塑總裁王永慶，在很多場合反復強調這樣一句話：「節省一元，等於淨賺一元。」我們可以算一筆簡單的賬，假如一件產品的售價是一百元，成本是九十元，那麼利潤是十元。如果能夠把成本降低十元，利潤就是二十元。顯而易見，成本降低了10％，利潤就增加了100％。如果認眞地作好成本控制，在企業內部削減成本，哪怕把成本降低5％，利潤就會增加一倍，即使利潤率是10％，降低5％的成本，仍然增加了50％的利潤。

所以，企業要想盈利，削減成本是一條確實可行的路。節約每一分成本，把成本當作投資，就能引起每個企業對成本的足夠重視，從而在日常管理的各個方面，有強烈的節省成本和追求回報的意識。在市場競爭以及職業競爭日益激烈的今天，節儉已經不僅僅是一種美德，更是一種成功的資本、一種企業的競爭力。節儉的企業，會在市場競爭中遊刃有餘、脫穎而出。

在最新公佈的二〇〇三年度《財富》世界五百強企業中，以營業收入計算，豐田汽車（Toyota Motor）排在第八位，僅次於通用汽車（第五位）、福特汽車（第六位）和戴姆勒——克萊斯勒（第七位）。但以利潤計算，豐田汽車卻排在第七位，排名遠遠超過上述同行。在利潤方面，二〇〇三年，豐田汽車利潤收入是一〇二．八八億美元，位居世界五百強第七位，汽車行業第一位。利潤約占營業收入的7％，位居汽車行業第二位（第一位是日產汽車）。通用汽車利潤收入是三八．二二億美元，位居世界五百強第五十九位，汽車行業第四位；福特汽車利潤收入是四．九五億美元，位居世界五百強第三百位，汽車行業第十七位；戴姆勒——克萊斯勒利潤收入是五．〇七億美元，位居世界五百強第二百九十八位，汽車行業第十六位。

上述《財富》世界五百強資料顯示，二〇〇三年豐田汽車賺取的利潤，遠遠超過美國三大汽車公司的利潤之和，就是比日產汽車的四四．五九億美元利潤，也高出一倍多。實際上，豐田的利潤已經遠遠超出了全球汽車行業其他企業利潤的平均水平。豐田的驚人利潤到底從何而來呢？

豐田公司有個著名的「三河商法」，其中重要的一條就是「吝嗇」。豐田公司的老闆豐田喜一郎非常討厭浪費，他說過：作企業必須有基礎，而這個基礎就是要杜絕浪費。他強調，豐田公司的批量生產模式，就是要徹底杜絕浪費，追求汽車製造的合理性。從創業之初，喜一郎就強調：「錢要用在刀口上……，用一流的精神，一流的機器，生產一流的產品。要徹底杜絕各種浪費。」豐田的厲行節儉是全球出名的。十幾年前已經聽聞，豐田辦公室的員工用過的紙不會隨意扔掉，反過來做稿紙，鉛筆削短了加一個套繼續用，領一支新的也要「以舊換新」；機器設備如果未達到標準，很陳舊也一樣使用；鼓勵工人提出合理化建議，幾乎每天都有人在技術革新上下功夫。儘管這是報導，但已反映出豐田企業管理的面貌。正是因為完美地貫徹了「吝嗇」的精神，豐田汽車公司才取得了自己事業的巨大成功，成為了世界汽車行業六巨頭之一。

許多人都知道「吝嗇」可以創造財富，但是很少有人能像豐田那樣一以貫之，並且讓「吝嗇」成為公司的一種經營理念。在創富的道路上，我們聽到過許許多多的理念，每一個都有大量的理論支持。但是豐田卻用家庭式的節儉之道，創造了巨大的財富。節儉從來就不是個大問題，但卻需要大本領才能做得徹底、做得不留遺憾。特別是對於當今的行業來說，利潤微薄的同時還要快速擴張，不降低成本運營就難以生存，可謂「節儉決定存亡」。

5 投入多，產出不一定就多

從理論上講，有多少投入，就應該有多少產出，但實際是產出往往與投入不符，或多了或少了，大部分情況是少了，並不是投入越多，產出就越多。「多投入、少收入」是一種嚴重的浪費。

經濟學中有一個邊際效用原理。邊際效用原理是經濟學中最基本、最常用的概念之一，如果你學會了邊際分析的方法，那麼你也就具備了像經濟學家一樣思考問題的潛力。舉一個每個人都有親身感受的例子來說明。

當你餓極了的時候，終於得到了食物（我們假設是一袋包子）。那麼，吃下去第一個包子時，你會覺得眞是雪中送炭，從來沒有吃過這麼好吃的東西；第二個包子吃起來，也是同樣的舒服，眞是珍饈佳餚；吃到第三個包子時，你會覺得雖然好吃，但最好還有點別的什麼東西換換口味；第四個包子已經讓你得到了完全的滿足；再吃第五個，就已經有點勉強了；硬著頭皮吃第六個包子，是因爲旁邊有人在拿棒子逼著你；吃完第七個包子以後，你會發誓今後再也不碰這東西了；至於第八個，打死也不吃了！

每增加一個包子給你帶來的滿足感的增加，就是你從包子上獲得的邊際效用，也就是說，邊際效用是一個前後對比的變數。而消費包子的感覺，由很好到一般再到很壞，說明在消費這些包子的過程當中，邊際效用是遞減的，開始是正數（感覺好），後來是負數（消費更多，感覺更壞）。

吃包子的例子給我們一個很重要的啓示，就是我們每做出一個決策或進行一項活動，多得到的就是邊際收益，所需要多付出的就是邊際成本。而衡量一件事情是不是値得繼續投入，就要看看它的產出收益是否大於邊際成本。

比如企業投資廣告和促銷。投入一千萬的促銷費用，就能因知名度的提高、影響力的擴大而獲得一千二百萬的收益，這時企業會加大投入。當繼續投入達到一定程度的時候，企業發現再投入一千萬，只能產生一千萬的收益了，這時它就應該維持這個投入不變，這是它能獲利的上限了，再加大投入是沒有好處的。但如果現在有了新的競爭對手進入，對方實力非常強大，企業發現無論如何也競爭不過，再往裏投入肯定虧損，這時就應該果斷地退出這一市場，不要想著前面已經在這一市場上投入了多少，而產生「前功盡棄」的念頭，因爲前面的投資是已經發生過的事實，對於決策者來講，重要的是現在的決定對以後會有什麼影響——不要爲打翻的牛奶而哭泣。從理論上講，有多少投入就應該有多少產出，但實際是產出往往與投入不符，或多了或少了，大部分情況是少了，並不是投入越多產出就越多，現實生活中這種情況並不少見。

以中國的汽車市場爲例。全國汽車庫存量增多不足爲奇——相對於銷售市場來說，這個數字仍在可控制的範圍內，但目前盛行的汽車製造商盲目跟風，不斷擴大生產能力之勢應當引起人們的警覺。

國家發展和改革委員會最近的一項研究也表明，各種類型的車廠加在一起的生產能力，到二〇〇七年有可能達到一千四百萬輛，而屆時的汽車銷量可能只有七百萬輛。如果中國製造的汽車無法大量出口到其他國家，生產出的大部分汽車可能將難以找到買主。

從國內市場表現看，現實似乎爲此增加了籌碼。據中國汽車工業協會統計，二〇〇五年一至九月，全國共生產汽車三一九・八九萬輛，銷售汽車三一一・八三萬輛，產銷差距達到八萬輛，而二〇〇四年同期的汽車庫存基本爲零。二〇〇五年前七個月汽車產銷率同比回落了二・一個百分點，產成品存貨同比由四月末下降1.4％轉爲上升27％。

二〇〇二年出現的汽車業「暴漲」行情，超出了所有人的意料，當年汽車總銷量達到了一百零九萬輛，幾乎每一種車都供不應求，購車熱潮讓所有的車商都在爲產能不足、失掉市場而捶胸頓足、扼腕歎息。有了前車之鑒，各大汽車廠家都不約而同地提高了汽車排產量，並紛紛擴大產能。

火熱的市場需要冷靜的思考，面對繁榮似錦的局面，有分析人士不無憂慮地指出，二〇〇二年的「暴漲」現象，一部分原因是汽車市場從投入期進入成長期的市場表現，更是許多潛在購買者入世之前持幣觀望、入世後爆發的強烈的購買欲望所致。隨著這些購買者購車行爲的實現，以及不容樂觀的汽車消費環境，汽車市場需求的增長速度將會下降。

美國《紐約時報》稱，中國汽車工業目前面臨的最大問題是：國內汽車銷量能在多長時間內，保住其目前的高增長速度。一些令人警惕的、顯而易見的跡象表明，擁有汽車的人群，只侷限於少數富有的城市上層人士，不包括廣大的中產階層。

法新社在文章中表示，中國汽車市場對於世界各大汽車製造商來說是一個樂園，但它還不成熟，它的發展依然充滿了不確定因素。

盲目擴大產能的背後，正是風險與泡沫的棲身地，世界汽車業都曾從中吃過苦頭。從國際方面來看，幾年前，拉丁美洲也曾是汽車業的淘金之地，大眾、飛雅特和通用汽車都躋身進去，試圖從中分得一杯羹，數以十億計的美元投進去，到頭來才僅僅增長了一倍，如今，還得花錢把這些生產線一一關閉。現在我們一些企業還在進行著各種各樣的盲目大規模投入，因此造成的浪費、損失難以估算。企業應該時刻牢記「不一定投入越多，產出就越多」

這一原則。

這樣，許多浪費和損失是可以避免的。

6 微利經營，拼的就是節儉

經濟的全球化，使企業之間的競爭越來越激烈，面臨的形勢也越來越嚴峻。爲此，除了提高產品的市場競爭力之外，有效地降低運營成本，已經成爲多數企業競相追逐的目標。道理很簡單，在利潤空間日趨狹窄的情況下，誰的成本低，誰就可以獲得生存和發展。

在一個充滿競爭的時代，除了少數國家壟斷的企業，任何一個行業中的任何一個企業，都必將面臨和已經面臨微利時代的挑戰。微利時代的到來是一種必然，經濟的全球化，使企業之間的競爭越來越激烈，企業面臨的生存形勢也越來越嚴峻。現在很多銷售收入幾十億、上百億元的大企業，實現的利潤還不如過去一家中小企業的利潤多。據說無錫小天鵝公司實現銷售收入六十多億元時，利潤只有區區幾千萬元。而乳品企業因光明乳業搶奪市場而引爆兇猛的價格戰，一些乳品企業甚至到了賠本肉搏的地步。一輪一輪的價格戰，在各個行業遍地開花。

首先要承認，微利時代的企業，日子怎麼都不會好過。爲此，除了提高產品的市場競爭力之外，有效地降低運營成本，已經成爲多數企業競相追逐的目標。道理很簡單，在利潤空間日趨狹窄的情況下，誰的成本低，誰就可以獲得生存和發展。

可以說，沃爾瑪是一個微利時代生存的企業奇蹟，它既不高深莫測，也非高不可攀，它的生存基礎，說透了就是兩個字「微利」。沃爾瑪的生存和成長，不但不受微利時代的影響，甚至得益於微利時代。

沃爾瑪是微利時代下驍勇善戰的勇士，沃爾瑪是如何在微利時代成功的呢？「沃爾瑪式生存法」的道理很簡單：價格低了，就要想辦法降低成本，擴大銷量。

在中國沃爾瑪總部，所有員工的辦公桌，都是那種最常見最廉價的電腦桌，連老闆也不例外。有的連桌子邊上包的塑膠條都掉了，露出了裏面劣質的刨花板。雖然你可能對沃爾瑪的節儉有所耳聞，但是你所見到的絕對會超乎你的想像。

已經五十九歲的沃爾瑪亞洲區總裁鍾浩威，每次出差只乘坐經濟艙，並購買打折的機票。他有一個習慣，喜歡在乘機時問鄰座乘客的機票價格，如果發現比他購買的機票便宜，公司的相關人員就肯定會因此受到質詢。

沃爾瑪的買手們和供應商討價還價，他們被認爲是最精明、最難纏的一批傢伙，但他們出差卻只能住便宜的招待所。沃爾瑪的一個經理去美國總部開會，被安排住在一所大學因暑期而空置起來的學生宿舍裏。這是沃爾瑪「吝嗇」的一面，它絕不會因爲你的辦公桌上有幾個洞而爲你換一張新的，「反正也坑不死人」。

除了辦公設施簡陋外，沃爾瑪還有一個很重要的措施，就是一旦商場進入銷售旺季，從經理開始，所有的管理人員全部進入銷售一線，他們擔當起搬運工、安裝工、營業員和收銀員等角色，以節省人力成本。這樣的場景只會發生在一些小型公司裏，而且這種行爲常常被人視爲「不正規管理模式」，但在沃爾瑪這樣的大集團中卻司空見慣。

沃爾瑪的這種節儉精神，來自其創始人山姆．沃爾頓，他是出了名的「吝嗇鬼」，當山姆．沃爾頓成爲世界首富之後，仍然開著自己的老福特牌卡車，也曾經因爲一個沃爾瑪的經理人忘記了關燈而大發雷霆。他沒購置過豪宅，一直住在本頓維爾，經常開著自己的舊貨車進出小鎮。鎮上的人都知道，山姆是個「摳門」的老頭，每次理髮都只花五美元——當地理髮的最低價。

他的弟弟巴德．沃爾頓曾經說過：「當馬路上有一便士硬幣時，誰會把它撿起來？我敢打賭我會，我知道山姆也會。」公司員工曾在山姆．沃爾頓即將走過的路上扔下一枚硬幣，看他會不會撿——億萬富翁沃爾頓果然屈尊把它撿起。沃爾頓並不貪圖一枚小錢，而是養成了珍視每一分錢的習慣，這種習慣根深蒂固，很難改變。

沃爾瑪有一個規定，高級管理人員出差，只許乘坐二等艙，住雙人房，連沃爾頓本人也不例外。當公司總資產達到一百億美元時，他出差依然住中級飯店，與同行人員合住一個房間，只在廉價的家庭飯館就餐。

沃爾頓本人沒有買過一艘豪華遊艇，更沒有買下一座專供大富豪度假的小島。反之，每當他看見其他公司的高級雇員出入豪華飯店，毫無顧忌地揮霍公司錢財時，總是感到不安，他認爲奢侈只會導致公司的衰敗。

老沃爾頓的幾個兒子也都繼承了父親節儉的性格。美國大公司一般都有豪華的辦公室，現任公司總裁吉姆．沃爾頓的辦公室，卻只有二十平方公尺，公司董事會主席羅賓遜．沃爾頓的辦公室，則只有十二平方公尺，而且他們辦公室內的陳設也都十分簡單，以至於很多人把沃爾瑪形容成「窮人開店窮人買」。

「節儉」的沃爾瑪在短短幾十年時間內迅速擴張。現在，沃爾瑪在美國擁有連鎖店一七〇二家，超市九百五十二家，「山姆俱樂部」倉儲超市四百七十九家；它在海外還有一〇八八家連鎖店。二〇〇〇年，沃爾瑪全球銷售總額達到一九一三億美元，甚至超過美國通用汽車公司，僅次於埃克森——美孚石油，位居世界第二。

對於這些世界五百大企業，浪費幾度電、幾張頭等艙機票對他們來說，不過是九牛一

毛。但是發展到今天，勤儉節約的精神，仍然被他們的管理人員奉爲天條，這個現象值得中國的企業深思。

在市場競爭以及職業競爭日益激烈的今天，節儉已經不僅僅是一種美德，更是一種成功的資本，一種企業的競爭力。節儉的企業會在市場競爭中遊刃有餘、脫穎而出。節儉不是「老」、「舊」、「土」、「粗」的東西，而是財富和利潤的發動機。只有節儉，企業才能生存。在微利時代，面對是否節儉的問題上，企業只有一種必然的選擇：一定要節儉！

7 不允許浪費任何一點資源

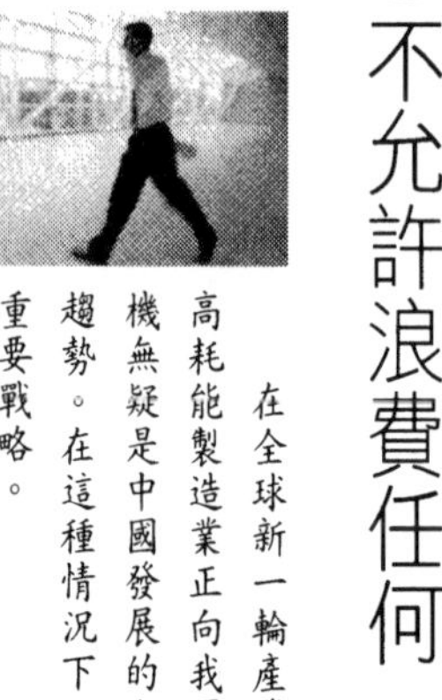

在全球新一輪產業佈局中，中國正成爲一個規模龐大的世界加工製造基地，一些高耗能製造業正向我國轉移。在本世紀，中國將成爲世界第一大能源消費國。能源危機無疑是中國發展的瓶頸。資源日益短缺，能源供應日趨緊張，這是一個無法逆轉的趨勢。在這種情況下，企業要生存下去，必須把節約能源及一切資源作爲企業發展的重要戰略。

幾代中國人從小學開始，就接受祖國「地大物博、礦產豐富」的教育。在中學教科書裏，我國儲量居世界前三位的礦產達幾十種之多。而事實上，我們的資源擁有量不容樂觀。我國人均能源可採儲量，遠低於世界平均水平。二〇〇〇年人均石油可採儲量、人均天然氣可採儲量、人均煤炭可採儲量，分別爲世界平均値的11.1％、4.3％和55.4％。

與此同時，我國能源消費量巨大，已成爲世界第二大能源消費國。我國已邁入重化工業時期。

這個階段的特點之一，就是對能源和資源的需求大增，快速發展的機械、汽車、鋼鐵，都是單位增加值能耗很高的行業，而且中國的能源浪費更是讓人瞠目結舌。根據國家提供的統計資料，二〇〇三年每生產一個單位的鋼鐵，中國比美國要多耗費10％的能源。中國的發電站跟美國相比，每發一度電要多浪費五分之一的能源。中國的空調比世界平均水平多耗能五分之一，這個快速發展的行業，正在大口地吞進能源。

中國作爲一個最需要節能的國家，在節能技術上還沒有任何優勢。單位能耗所創造的財富，遠遠低於發達國家，而每單位 GDP 的能耗，比國際水平高出許多，是世界平均值的三至四倍，日本的十一．五倍，美國的四．三倍，德國、法國的七．七倍。

從每生產一美元價值的 GDP（以一九九五年美元價值爲標準）所需要的能源來看，日本只需要消耗 3876B.T.U（英國熱量單位），德國爲 5269B.T.U，法國爲5998B.T.U，美國爲10575B.T.U，中國竟高達 35764B.T.U。如果我們不立即採取行動，這方面的差距還將越來越大。如果再按照高耗能、粗放式的方式擴大生產，全世界的能源也難以維繫高速運行的中國經濟快車。

中國二〇〇四年銷售了五百萬輛轎車，僅次於美國和日本，成爲世界第三大汽車市場。在未來兩三年內，中國將成爲世界第二大汽車市場。但是，中國人對混合型的節能車不熟悉，多功能休旅車卻越來越風行。

特別是目前中國的消費者支付能力有限，各廠家集中在低價車上競爭。這一方面鼓勵越來越多的人買車，一方面制約了比較昂貴的節能技術的採用。國內的廠家也就更不願意在節能上動腦筋。中國目前是世界住房建設的第一大工地，但先進的節能絕緣技術並沒有普及，連防曬的節能玻璃也很少採用。

日本是世界第二經濟大國，本身幾乎沒有能源。二十世紀七〇年代初的石油危機，造成了全國的恐慌，使日本人刻骨銘心，不僅政府大力推行節能的政策，一般老百姓也養成了節能的習慣。從一九七三年至今，日本的工業產值增長了三倍，但其能源消耗基本持平。作爲《京都議定書》的簽約國和東道主，日本政府最近又提出了野心勃勃的節能計畫，削減「四大件」（電視、個人電腦、空調、電冰箱）的能源消耗量。節能已經成爲日本的核心工業戰略。

以汽車業爲例，美國最近幾年一直流行耗油大的休旅車，主要是因爲汽車製造商對節能車型不屑一顧，認定其在經濟上無利可圖。日本則埋頭開發油電結合使用的混合型汽車。如今油價大漲，連美國人自己也開始不買休旅車；日本的豐田和本田則成爲節能車型的領袖，其混合型汽車常常脫銷。豐田的經理昂然宣佈：「我們已經進入了混合車型的時代！」美國的幾大汽車商則措手不及，只有靠加大優惠的折扣來促銷，利潤自然大減，頻頻敗在日本公司手下。

在這一點上，中國應該多向日本學習。目前，中國經濟的發展，面臨著前所未有的挑戰，在經濟發展的過程中，不能只考慮高速度，而不考慮能源發展的承受能力。中國「能源荒」已然是個不爭的事實。然而，就在鬧「能源荒」的同時，能源浪費現象幾乎不經意地，發生在每一個中國人身邊：許多電腦閒置時也常開著；電視機、VCD、空調等家用電器，關機後仍處於待機狀態，多數家庭從不把白天不用的家用電器插頭拔掉。

據上海能源管理部門統計，按平均每戶家庭每天有十五瓦／時待機耗電量（相當於一台電視機和一台VCD待機）計算，上海四百八十萬戶家庭在白天高峰時就增加七．五萬千瓦／時左右的用電負荷；一台電腦的待機能耗高達三十瓦／時，如果上海十五萬機關幹部下班後都不關掉電腦電源，僅此一項，就將每天增加四千五百瓦／時的用電負荷，倘若加上企事業單位的電腦待機浪費，數字更是十分驚人。

走進企業，眼下聽到最多的，是改革開放初期有過的「受電力瓶頸制約」的說法。當前出現了諸如不少企業因缺電而產值下降，一些企業因「電荒」被迫停產的現象。

「電荒」造成了慘重的經濟損失，二〇〇四年，浙江省缺電七百五十億千瓦／時以上，直接損失GDP一千億元人民幣！如果從二〇〇〇年開始計算，五年來「電荒」給浙江省國民經濟造成的直接和間接損失，已超過一萬億元人民幣。其他省市雖然沒有浙江這麼嚴重，但都不同程度地受到了「電荒」的影響。

「電荒」已經嚴重地制約了企業的發展，但是，對於「電荒」中企業存在的能源嚴重浪費現象，卻極少為人們所關注。

二〇〇三年，全國工業用電量為一三七四六億千瓦／時，占全國用電量的73％。更關鍵的是，我國企業的能源效率水平較低，比如，我國的電機總容量有四億多千瓦／時，年消費電量為六千億至七千億千瓦／時，電機的能源效率比國外先進水平低20％。據有關方面測算，僅這一項就有一千億千瓦／時的節電潛力，比一個三峽發電站的總發電量還多出一百多億千瓦／時。我國的企業能源利用率僅為33％，比發達國家低十個百分點。單位產值能耗更是世界平均水平的二倍多。

因此，企業節能的潛力極大。作為普通消費者，節電的潛力畢竟相對較小，家庭中耗電較多的各種電器、冰箱、空調、電視等，出廠時能耗標準就固定了，只能在多掌握一些節電竅門上動腦筋，比如減少有些電器的待機時間、夏天開空調時溫度調高一度，等等。因此，節電、節能的主力軍是企業。

節能對於企業不僅是一種社會責任，更是「一石二鳥」的雙贏之舉，既節約資源，又降本增效，符合企業的長遠發展利益。從眼前看，採取一些節能措施、置換節能設備、採取節能工藝等需要新的投入，但這種投入是很快就會得到回報的。

比如，就拿商業企業換節能燈來說，有人做過統計：如果用九瓦／時的螢光燈取代四十瓦／時的白熾燈，每盞螢光燈需要投資三十元，按每天使用十五小時，一千瓦／時電一元計算，每天可節約〇．四七元，更換螢光燈的錢，兩個多月就可以省出來了，而且節能燈的使用壽命比普通白熾燈長幾倍。可見，促成企業節約是對企業、對社會都有益處的好事。對這樣「一舉兩得」的事情，爲何很多企業不去做呢？

在全球新一輪的產業佈局中，中國正成爲一個規模龐大的世界加工製造基地，一些高耗能製造業正向我國轉移。在本世紀，中國將成爲世界第一大能源消費國。能源危機無疑是中國發展的瓶頸。資源日益短缺，能源供應日趨緊張，這是一個無法逆轉的趨勢。在這種情況下，企業要生存下去，必須把節約一切資源作爲企業發展的重要戰略。

第二章
構建高效率的組織
PART 2

在企業的組織結構中，人與人之間的合作既可以帶來效率，也可能帶來費用；同樣，人與人之間的競爭或不合作，也會帶來效率及費用。對那些大企業來說，組織問題越來越成為影響企業發展的關鍵性因素，越來越成為企業發展的瓶頸。很多企業的組織都與公司的發展不相匹配，由此帶來了一系列問題，資訊流通不暢、部門之間無法有效溝通、決策效率低下等等，這些問題都在一定程度上增加了運營成本，降低了公司的盈利能力。對於企業來說，建立適合公司發展需要的健康的組織結構，提高不同的營運效率，讓員工能夠充分發揮自己的能力，是當前企業應當關注的問題。

Thrifty

節儉

1 用最少的人做最多的事

組織機構對於企業來說，就猶如鞋對於人，小腳穿大鞋，不論怎麼跑都跑不快；大腳穿小鞋，跑的過程中一定有些疼。因此企業需要對機構進行撤銷歸併，適當精兵簡政，在機構消腫中，要劃分各級職務，權責明確，互不重複，再據此配備職員，挑選勝任的員工，以提高組織機構效率。

曾經看過這樣一個關於企業的小故事：三個工人在推一輛平板車，車上卻只有一個紙箱，但讓你詫異的並不只是這些，因爲旁邊還有二個領導在指導他們工作。

消極怠工、人浮於事，這樣類似的情形在很多企業裏都有發生。很多企業在成立之初，創業團隊充滿激情，以靈活的溝通和協調，保證了對市場變化的敏感洞察和快速反應。在這個階段，企業往往能夠以很少的投入，獲得豐厚的回報。可是隨著企業規模的擴大，管理者發現企業不再具備以前的高效率。決策制定非常緩慢，難以適應市場的變化，各部門在執行的時候，相互之間難以配合，一旦出了問題，又互相推諉。在這個時候，領導者就應該考慮一下企業是否患上了「大企業病」。

「大企業病」的一個重要症狀就是「肥胖」。不合理的結構設置，形成了大量的部門，部門之間業務範圍交叉，權利責任分配不清晰。部門之間資訊難以溝通、協調困難。機構臃腫的併發症就是人員冗餘，管理人員數量眾多卻責任不清，普通員工士氣低落，應付差事，過多的組織和人員，加重了企業的負擔，使企業難以擺脫多頭管理、辦事環節多、手續繁雜的困境，難以根據市場需要，隨時調整經營計畫和策略，從而使企業很難培養眞正的競爭力。

一九九九年，帕瑪拉特憑藉當時極爲少見的「利樂枕」，打入上海市場，並在很短的時間內成爲第一品牌。然而其後多年，帕瑪拉特的產品很少更新換代，尤其是對二十世紀初最爲顯著的家庭飲用發展趨勢，甚至可以說是置若罔聞。家庭飲用市場的喪失，不亞於帕瑪拉特的一次「滑鐵盧」，並由此影響到個人飲用市場的喪失。雖然帕瑪拉特也曾經將「家庭利樂枕」提上議事日程，但卻缺少實質性的動作。究其原因，就在於大公司普遍的組織臃腫和決策遲緩，導致對市場的反應遲鈍，從而喪失了先機。

管理大師杜拉克舉過一個例子。他說，在小學低年級的算術入門書中，有這樣一道應用題：「二個人挖一條水溝要用二天時間，如果四個人合作，要用多少天完成？」小學生回答是「一天」。而杜拉克說，在實際的管理過程中，可能要「一天完成」，可能要「四天完成」，也可能「永遠無法完成」。

這正好驗證了管理學上著名的「科西納定律」：如果實際管理人員比最佳人數多二倍，工作時間就要多二倍，工作成本就要多四倍；如果實際管理人員比最佳人數多三倍，工作時間就要多三倍，工作成本就要多六倍。

科西納定律闡明了一個道理：人多必閑，閑必生事；民少官多，最易腐敗。由於實際的人員數目比需要的人員數目多，諸多弊端由此產生，形成惡性循環。

科西納定律還告訴我們：要想剷除機構臃腫的現象，必須精兵簡政，尋找最佳的人員規模與組織規模。這樣的話才能構建高效精幹、成本合理的經營管理團隊。

企業戰略決定企業的結構。企業組織模式的變革，是技術革命——特別是資訊化、網路化——的必然結果，同時也是企業戰略目標調整的要求。在當今科技日新月異、競爭日益激烈的環境中，企業惟有保持高度彈性，充滿創新與活力，才能在市場上繼續生存。從這個意義上說，企業最大的問題，不在於外部環境的變化，而在於企業自身能否根據這種變化，採取相應的變革行動。

一九八一年四月一日，威爾許出任奇異公司第八任董事長。當時從表面上看，它是一個總資產達二百五十億美元的大公司，年利潤額爲十五億美元，擁有四十萬四千名雇員。它的財務狀況是3A級的最高標準。奇異公司包括三百五十家企業，經營領域涉及電機、家電、醫療器械、照明、廣播、資訊服務、銀行等等。它的產品和服務滲透到國民生產總值的各個方面，從烤麵包到發電機廠，幾乎無所不包。員工們自豪地把奇異公司形容成一個「超級油輪」——碩壯無比而又穩穩當當地航行在水面上。

而當時的實際情況是，奇異內部擁有太多的管理層級，它已經變成一個正規而又龐大的官僚機構。奇異由二萬五千多名經理管理著，平均算來，他們每人直接負責七個方面的工作。在這個等級體系中，從生產的工廠到威爾許的辦公室之間，副總裁以上的頭銜名稱各式各樣，如「公司財務管理副總裁」、「企業諮詢副總裁」以及「公司運營服務副總裁」等等。奇異在全國設有八個地區副總裁或稱「用戶關係」副總裁，但這八個副總裁對銷售並不直接負責。

威爾許上任伊始，便開始了大刀闊斧的改革。在這項浩大的組織變革中，威爾許受到了來自公司內外的阻力，反對的聲音不絕於耳，但是威爾許按著既定的目標，力排眾議，堅持走了過來。

整個二十世紀八〇年代，奇異公司都在逐步地精簡管理的層級，拆掉築在各個部門間的高牆，並且精簡人事，尤其是那些吃閒飯的人。一九八五年，威爾許展開了經濟學者約瑟夫·熊彼得所提倡的「創意解構」策略，將其官僚層級從原本的二十九個減爲六個。當威爾許完成這項改造計畫時，最上級的管理階層位於中央，而公司裏的其他部門則如輪輻一般的向四方散射，就像一個車輪子。

單是精簡管理階層和某些事業單位這一工作，就省下了四千萬美元的開銷。但這只是當中一點點的紅利而已，因爲一旦這些單位中的那些抑制因素、價値觀與壁壘全都除去以後，所有的才幹與精力都會在剎那間爆發出來。在那幾年中，奇異公司裏所發生的每一件好事，都是因爲某些個人、團隊或事業單位的解放所產生的。

奇異公司改革的另一重大措施是大幅裁員。在威爾許就任後的五年內，總共裁減了十三萬名員工，大約占奇異公司原來聘用人數的35％，裁員的幅度甚至超過二十世紀二〇至三〇年代經濟大蕭條時期。威爾許的鐵腕，造成了很大的震動，但他仍堅持進行。

原先奇異的財務部門擁有一萬二千名員工，機構極其龐大，而且本身也已經成爲官僚作風的保護層。當時，僅一項經營分析，就耗資六千五百至七千五百萬美元。威爾許委任的鄧尼斯·戴默曼，在擔任財務總監的前四年，就把財務部門的職員砍掉了一半，將奇異公司在美國的一百五十個工資支付系統進行了合併。這樣，從根本上改革了財務管理制度。過去，財務體系所處理的，近90％爲單純的財務記錄，只有10％是總體管理；現在則近一半的內容是放在管理和指導上。

從雇員規模來看，奇異縮水了。但是在員工大量減少的同時，奇異的收入和盈餘卻顯著增加。二十年中，奇異公司雇員從四十萬減少到二十九萬三千，而銷售額和利潤卻分別增長了五倍和九倍。

組織問題越來越成爲影響企業發展的關鍵性因素。很多企業的組織，都與公司的發展不相匹配，從而帶來企業領導的管理苦惱。建立適合公司發展需要的健康的組織結構，提高公司的營運效率，是當前企業應當關注的問題。

❷打破組織的藩籬，資源分享

公司的業務發展越快，因爲組織機構臃腫而導致的溝通不力就越明顯，沒有及時準確的溝通，企業就會陷入創新不力、管理低效、凝聚力下降等一系列成長的困境中，大量的資源因此被浪費，企業的運營成本因此而提高。更嚴重的是，企業的戰略目標難以實現，甚至還會失去原有的競爭優勢。企業內部各部門之間的合作障礙，是目前所有企業都必須面對的管理難題。從某種程度上說，哪個企業內部各部門間的協調更科學、更流暢，哪個企業就更加具有競爭優勢。

隨著越來越多的企業加入到全球化經營的隊伍中，各個企業所經營的業務種類也越來越多，範圍越來越廣，因此，企業的組織結構往往也越來越複雜。特別是對於那些業務跨越多個行業的企業來說，由於各個部門之間的業務各有不同，企業常常會陷入因組織機構過於龐大而溝通不暢的苦惱中。公司的業務發展越快，因爲組織機構臃腫而導致的溝通不力就越明顯，大量的資源因此被浪費，企業的運營效率大大降低，企業的運營成本因此而提高。

在不考慮人員素質影響的條件下，部門功能的錯位或者異位，應當是造成部門溝通障礙的最主要的因素。其具體表現有：

（1）**部門業務圈的非正常擴大**。例如，財務部人員依據自己的判斷，而非銷售部門的要求，決定折扣發放的頻率以及時間。

（2）**部門關注圈的非正常擴大**。例如，財務部主管以本人的行銷知識爲依據，審批行銷計畫，而非從成本利潤的角度。

部門功能的錯位或者異位，是幾乎所有企業都或多或少存在的一種普遍現象，造成這種現象的最主要原因，是部門本位主義和部門主管擴大影響圈的個人偏好。這種現象會隨著公司發展速度的不斷加快而愈演愈烈，成爲阻礙企業前進的巨大障礙。

在二十世紀九〇年代中期，殼牌石油公司面臨一個新的機遇，就是在深海裏發現了油田，從而增加了公司的產油潛力。但公司同時也碰到了一個挑戰，就是過去從未在深海區進行過石油開採，而且公司現有的生產、勘探方法與技術，不能用於深海作業。爲了獲得高額的收益，公司進行了不懈的努力。

一開始，公司成立了與企業內部其他部門平行的深海作業部。該部由兩個次級單位組成：勘探處與開採處。每個處又由若干功能各異的科組成。但是，在開始運作之後公司發現，由於各個部門的職能不同，兩個作業部之間的交流受到了很大限制，下屬組織間的交流非常少，而且效率低。

爲了加強部門間的溝通，促進知識的共用，加快創新速度，殼牌公司宣佈了重組計畫，將深海作業部分成三個處，這些處是根據油氣資源所在的地理位置而形成的，因此又稱爲資源處。公司成立了交叉功能科來促進各處間的交流。三個資源處內均由各種學科的人員組成，既有地質學家，又有採油工程師。各個資源處的人員，都可以向負責整個專案的專案經理，彙報專案進展情況。

隨著專案的進展，公司還對員工的層次和成分進行了相應的改變，不斷地根據需要，增加和減少專業技術人員。這種在組織機構和管理制度上的改變，立即帶來了員工工作和交流方式的變化。作爲某一資源處的成員，員工對於各個工作程序的進展和相互影響都很清楚。更重要的是，由於知識的及時交流和共用，創新的思維更容易在不同的學科間傳播。

在隨後的時間裏，爲了進一步擴大知識的共用和交流，公司還成立了知識共用社區，使得知識的共用，不會出現斷斷續續或是難以形成體系。

通過上述兩個步驟的知識共用體系設立，殼牌公司實現了兩個成果：有效地降低了成本和提高了石油開採的準確率與質量。例如，在化學分析方面，公司使某個勘探區內的研究成本降低了60%。

殼牌公司採用了一個簡單而又常用的方法，來促進部門間的溝通和知識的傳遞與共用，這種組織結構方法，已被證明是在實現功能交叉的協作時最有價值的方法。公司的實踐也證明，部門間的知識共用的體系，必須根據企業的發展而不斷進行調整。

IBM在走出困境、重塑輝煌、實現公司復興的時候，將「組織機構改革」作爲其戰略調整的一個重要組成部分。海爾更是將組織內部的有效溝通視爲發展動力，採取多種手段，促進企業內部的溝通與聯繫。可以說，進行組織機構調整，實現企業內部的有效溝通，已經成爲現代企業發展的先決條件之一。

格蘭仕目前是全球最大的微波爐生產基地，市場份額穩居全球第一。之所以能夠有今天的業績，其組織機構的及時調整功不可沒。

過去，格蘭仕是一個擁有房地產、毛紡、羽絨等多行業產品的集團企業，組織機構非常繁雜。企業的組織結構包括集團內的決策層和執行層，職能部門的管理層和執行層，還有各工廠的管理層和執行層，組織結構層層疊疊，多至五六層。當時格蘭仕的組織機構，看起來很像一個等級分明的金字塔，這樣垂直溝通的組織結構，使企業的大規模生產和管理效率之間的矛盾越來越突出，制約了企業的進一步發展。

此時，領導者意識到，公司只有進行企業組織機構的調整，才能獲得新的發展。針對原來組織機構的弱點，公司將管理層中過多的層次統統砍掉，並集中所有資源，進行家用電器的專業化生產。經過組織機構的變革，公司最終形成了只有決策、管理和執行的「三層結構制」，把一個集團化的龐大組織，變成了一個簡單而便於溝通的結構。這樣，企業對市場的反應能力，得到了大大加強。

目前，該公司實行的是董事會領導下的總經理負責制，下設八位副總，分管生產、技術質量項目、行政、外貿、內貿、策劃、市場研究、供應等各個領域。經過組織結構的變革，企業內各位副總的管理面，顯然得到了拓寬，各基層的工作也能一步到位，實現準確溝通。以前那種層層上報、層層審批的模式，已被徹底廢除。

儘管管理者的管理跨度加大了，工作壓力也大了，但是由於克服了過去溝通不暢、管理容易流於形式的弊病，企業的管理效率得到了顯著提高。

此外，集團還根據其競爭戰略，進行了有針對性的培訓，以充分發揮現有組織結構的優勢。

企業內部組織間有效的協作溝通，是戰略得以實施的保證，如果沒有一個有利於資訊交流和回饋的組織結構，企業設計出再好的戰略也無濟於事。而一旦溝通協作不好，就可能出現扯皮、推諉的現象。企業要在競爭中做出及時而正確的反應，就必須進行組織內部的深層次改革。不僅要發揮各個業務部門的自主性，同時也需要建立起有效促進橫向溝通的機制，使公司能夠充分發揮自主激勵機制與共用機制的長處。這樣的組織結構，才能爲企業創造不斷發展的潛力。

其實，在知識經濟占主導地位的今天，部門間能夠有效的溝通，建立起知識共用體系，對於企業的創新意義也非比尋常。單兵作戰的業務部門，固然能夠通過有效激發員工的創新意識，同樣也能通過知識共用所產生的創新火花，爲企業帶來意想不到的收穫。而這正是企業的發展潛力之所在。

3 給企業一雙合適的鞋

在企業組織結構中，人與人之間的合作既可以帶來效率，也可能帶來費用；同樣，人與人之間的競爭或不合作，也會帶來效率及費用。對企業來說，必須設計出一種科學的組織機構，讓員工能夠充分發揮自己的能力，高效率的完成工作，從而節省企業的支出。

「組織」有著極其廣泛的涵義。古人云：「樹桑麻，有組織。」所謂「組織」，在漢語裏最初的意思，是指把絲麻編結成布的意思。英文的組織一詞「Organization」，則是從「Organ」（器官）一詞引申而來，實際上是向人們說明，生物這個有機體，是由一個個器官組織而成的。古代的種種說法，正是對組織結構的形象比喻，而「由器官組成的機體」的說法，則向人們做出了「由人們所組成的團體和組織也是一個有機體」的深刻啓示。

然而，「組織」在這裏並不像人們日常所理解的那樣，僅指一些已有的社會團體或機構，如企業、學校等，更是指一種管理職能或管理工作的內容。任何社會團體或社會機構，都必須經過組織工作，將每個團體中的人安排到特定的工作崗位上，或者說建立起一個職務系統，才能使該團體成爲一個有機體。

就企業組織結構的內容來講，其設計內容主要包括：

第一，**企業應該設置什麼樣的組織機構**；

第二，**各組織機構之間應該是一種什麼樣的關係**；

第三，**組織內部人員的職責許可權**。

就如同一個球隊包括領隊、前鋒、中鋒、後衛、守門員等職位一樣，一個企業包括廠長、工廠主任、各個部門負責人及工作小組負責人等職位。並不是大家隨意地聚到一起，不分主次高低、隨意併合的團體。這種有意形成的職務系統，被稱爲「組織結構」。

組織結構設計就是要明確誰應該做什麼，誰要對什麼結果負責，要能夠消除由於分工不清而導致的執行中的障礙，並能提供資訊溝通網路，以支援團體的共同目標和決策。如果公司組織設計不規範，在運行中出現這樣或那樣的問題，企業的組織機構——尤其是高層的組織機構——在組合程序上混亂，那麼低效就成爲無法避免的事情了。

荷蘭飛利浦公司是一家以生產家用電器聞名於世的大公司，早在二十世紀中期，飛利浦的生意就做得十分紅火，燈泡和電視的銷售量，讓公司賺足了錢。但飛利浦公司的決策者們並沒有因此就忘乎所以，他們的頭腦十分冷靜。他們敏感地意識到，第二次世界大戰之後的個人消費浪潮即將過去，取而代之的將是各種類型企業的復興。

於是，他們決定轉向開發企業辦公電器，也就是所謂的「職業產品」。飛利浦公司的重要舉措之一，便是投入鉅資，開發系列電腦。

由於依託著飛利浦公司強有力的技術力量和雄厚的資金實力，前期的研製非常順利，他們生產出來的新型電腦，足以與 IBM 的產品相媲美。但是，好東西是否就一定好賣呢？在這之前，飛利浦公司爲了突破各國的關稅壁壘，採用了「化整爲零，各自爲戰」的經營機制。他們在全球六十多個國家和地區設有一百多家生產廠，這些分廠生產的飛利浦家用電器，毫不費力地就被當地的市場消化掉了，這讓飛利浦公司嘗到了甜頭，但同時也因爲攤子鋪得太大，給飛利浦公司拖上了一條又大又長的「尾巴」。

由於各分廠生產的相對自主性和獨立性，銷售網路也就完全掌握在了分廠的手裏。當他們接到總部的通知，要求他們推銷不是由他們分廠生產的大型電腦時，他們都對此表現得毫無興趣。一來這種大型電腦數量不多，二來價格昂貴，雇傭、培訓推銷和維修人員不僅費用高，而且很費事，遠不如推銷分廠自己生產的家用電器輕車熟路。

由於管理上出現了問題，公司總部的正確決策得不到有力的貫徹，形成了「令不行、禁不止」的局面。飛利浦公司採取了很多措施，試圖改變這一局面，但始終沒能收到滿意的效果。最後，飛利浦公司決定將部分分廠合併，以便開發和生產類似於商用電腦這種大型產品。然而，這一決定因爲各分廠的強烈反對，和總部的軟弱妥協而未能實現。

與此同時，隨著戰後日本經濟的飛速發展，大量質優價廉的電器產品，猛烈地衝擊著飛利浦的市場，使得飛利浦公司在幾次價格大戰中接連慘敗。而飛利浦公司關於開發大型企業辦公用產品的計畫，也因受到分廠的抵制宣告流產。

飛利浦的電器世界聞名，但正是因爲組織的龐大，它雖然有了行銷管道，卻也導致了結構的鬆散，出現了尾大不掉的局面。

企業越是龐大，組織機構便越爲複雜。這也就越容易導致管理者的失職。上層管理到基層管理的環節，因企業規模的影響而增多，管理鏈拉長，來自核心層的指令傳達到其他層次的速度就會減慢，甚至被遺漏、走樣或扭曲；同樣，從下層管理部門向核心層回饋資訊的速度也會減慢，被遺漏、走樣或扭曲，尤其是當高層管理機構與下層管理組織的目標不一致時，下層還可能故意歪曲高層管理的意圖，或向高層管理提供不眞實的資訊，這便是導致企業危機的重要原因。

組織結構不僅是企業實現戰略目標和構造核心競爭力的載體，也是企業員工發揮各自優勢、獲得自身發展的平臺，是每個員工都必須考慮的問題。

在設計企業組織機構的時候，不能忽略的一點是，必須明確崗位職責和權利，讓每個職位上的人明白自己該做什麼，承擔什麼樣的責任，不至於有了問題找不到人，出現了問題無人負責。

在企業組織結構中，人與人之間的合作既可以帶來效率，也可能帶來費用；同樣，人與人之間的競爭或不合作，也會帶來效率及費用。因此，在企業的制度安排中，職位的設計是一個很重要的問題。企業必須通過組織設計，建立一個適於組織成員相互合作、發揮各自才能的良好環境，從而消除由於工作或職責方面所引起的各種衝突。

爲了使員工能夠有效地工作，企業必須設計和維持一種組織結構，它包括組織機構、職務系統和相互關係。具體地說，就是要把爲達到組織目標而必須從事的各項工作或活動，進行分類組合，劃分出若干部門，根據管理寬度原理，劃分出若干管理層次，並把監督每一類工作或活動所必需的職權，授予各層次、各部門的主管人員，以及規定上下左右的協調關係。

同時，儘量把任務目標具體化，讓主管和員工對目標都有清晰的認識，對員工來說，這既是一種監督，也是一種引導，對整體目標得以正確實現並達到預期效果，有百益而無一害。

此外，還需要根據組織內外諸要素的變化，不斷地對組織結構作出調整和變革，以確保組織目標的實現。

4 扁平化組織促進創新和企業發展

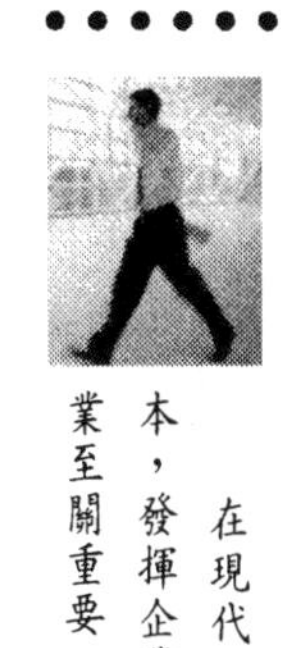

在現代企業中，建立業務部門之間的橫向有效關聯，能實現精簡機構、降低成本，發揮企業整體競爭優勢的效果。因此，建立起有效溝通的橫向組織結構，對於企業至關重要。

「天涯何處無芳草，何必單戀一枝花」，這句本來是勸誡單戀者的話，如今似乎也成爲眾多企業所推崇的「時尚戰略」。正如我們所常常看到的，中國的企業家似乎大都有著多元化的情結，一旦自己的企業發展到了一定的規模，就會心裏癢癢的，想謀劃著嘗試多元化道路，特別是在奇異公司的傑克．威爾許成爲二十世紀九〇年代的傳奇 CEO 之後，多元化的熱潮，長久席捲在眾多中國企業家的心頭。

在企業日益重視多元化經營的今天，強調拓展業務範圍、實施全球化的經營戰略，已經成爲大多數企業尋找新的發展空間、創造新競爭力的重要手段。

很多企業的領導者都在強調，「不能只認準一條路走到黑」，「單向發展只會使自己的競爭優勢和獨特定位，在競爭者的模仿超越中喪失殆盡」，企業都在尋求增加自己的業務部門。但是隨著企業業務範圍不斷擴大，業務部門迅速增多，管理者又面臨著新的問題，各個不同的業務部門之間，如何合理地保持既有利於部門自身發展，又有利於公司整體發展的競爭優勢呢？

企業在發展中決定實施多元化戰略，就意味著企業將要重新調整擁有的資源，採取機動靈活的組織結構，來同時滿足不同的戰略要求。

怎樣才能構建一個合理的組織架構，使各個業務部門能夠資源分享，充分發揮各自的優勢和團體的力量？傳統的金字塔形組織結構，能否適應不斷增加的業務發展需求？

對於任何多元化經營的企業而言，其戰略都是多層次、多角度的，既要兼顧各個不同業務部門的個體發展戰略，又要體現企業的總體發展戰略。對於整個企業來說，在設計組織機構時要考慮的是：企業應該進入哪個行業競爭，管理部門應該如何有效管理旗下的各個業務部門。

顯然，企業的領導者在設計組織結構時，完全採用過去傳統企業那種垂直式金字塔形縱向組織結構，並不能適應多個業務部門平行並列發展的局面。一方面，由於高度集中式的管理，各個業務部門缺乏自主性和積極性，企業將會逐步喪失創新的活力；另一方面，位於最下面一層的業務部門之間，由於缺乏必要的溝通，既不能分享寶貴的市場訊息，也無法實現高效率的資源分享和相互促進，企業現有的競爭優勢難以維持。尤其是當位於中間的管理層，同時面對多個業務部門時，組織內部很容易出現混亂局面。資訊無法準確溝通，領導者的戰略不能及時傳遞，組織結構的弊病將會直接阻礙企業的戰略實施。

企業內部各業務部門的有效溝通與合作，取決於橫向措施的有效實施。將業務部門無序地堆砌在一起，並不能保證業務部門能共同創造出巨大的合力，推動企業發展。

要想獲得各業務部門之間的有效溝通和優勢互補，就必須改變過去那種垂直的組織結構，建立起橫向組織，也就是通常所說的「扁平型組織」。這一點很容易理解，完全縱向型組織的資訊傳遞是單向的，無論是領導者傳遞指令，還是員工的資訊回饋，都必須通過中間的管理層來傳遞，不僅效率不高，往往還會出現溝通不力的情況。

封建時代的君主統治，就常常出現這樣的情況，儘管一國的國君很英明，制定了很多很好的制度，可是由於處於中間管理層的官吏，並沒有真正將國君的意思傳達到位，可能這一制度實行的最終效果與最初的打算大相逕庭。

扁平式的橫向組織結構則相對靈活得多，各個業務部門可以直接面對市場，充分考慮客戶的需求，採取積極措施應對。

由於管理層的縮減，業務部門不再需要面對多級管理者，並且擁有較大的自主權，既能實現對各個業務部門的有效激勵，也有利於企業戰略的及時準確傳遞。尤其值得一提的是，在橫向組織中，位於各個業務部門之上的橫向系統，如共用的規劃部門、財務機構，還可以保證業務部門之間的有效溝通。

在現代企業中，建立業務部門之間的橫向聯繫，能實現精簡機構、降低成本、發揮企業整體競爭優勢的效果。因此，建立起有效溝通的橫向組織結構，對於企業至關重要。

美國運通公司以金融服務戰略爲主題，採取橫向措施來協調各業務部門，並強調公司的同一性和整體性。在公司內部，經理們交叉任職，建立了一個協調小組，來管理各個業務部門的財務。公司在經理會上還強調了跨單元之間的統一性。NEC公司也在其經營的相關業務中，通過橫向措施來獲取關聯，公司從事的半導體、電信、電腦和家用電器業務，共用了包括研究與開發試驗室、銷售隊伍、工廠和銷售管道在內的各種資源。實踐證明，能夠成功獲取關聯的公司，並不一定要具有很大的規模，但往往能通過有效的獨特定位，獲得競爭優勢。

惠普公司是美國矽谷最早的創業公司之一，也是世界上主要的電腦設計和製造商，在雷射印表機和噴墨印表機設計生產方面，居世界領先地位。自二十世紀九〇年代以來，公司一直保持著高速的增長趨勢。

公司之所以發展迅速，一個重要原因就是在技術創新方面，一直居於領先地位。而惠普的技術創新，很大程度上應該歸功於企業良好的內部環境，也就是合理的組織結構。

惠普的企業文化核心之一，就是「鼓勵靈活性和創新精神」，惠普的橫向組織結構，爲員工們充分發揮創新精神提供了有力的保證。

在公司發展過程中，惠普開始是採取分權的橫向組織結構，並獲得了很快的發展。分權的橫向組織結構是：企業組織按產品劃分爲十七個大類，每個產品部門都有一個屬於自己的研究開發部，各個產品部門都擁有獨立運作的自主權。這種組織模式在惠普發展過程中，一度發揮了重要作用，使產品創新速度得到提高。

但隨著企業的不斷發展，這種組織結構形式造成各部門各自爭取顧客，浪費公司資源，使整體戰略定位變得模糊。

例如，惠普早在Netscape公司推出網路流覽器的前兩年，就已經研發出了流覽器，但這個產品卻埋沒在惠普極其分權，並且各業務部門相互分離的組織結構下。

針對這種狀況，惠普提出全面客戶服務模式，將所有的組織重組，把條塊打散，把眾多的部門重新整合在一起，按照客戶種類和需求進行劃分。重組後的組織結構中，將研發部門分爲三個大的部門，分別是與電腦和電腦設備相關的電腦系統部、與圖像處理及列印相關的圖像及列印系統部、與資訊終端有關的消費電子產品部。由於重新劃分的組織結構中，很多可以技術共用的業務部門間，實現了資源分享，技術力量因爲集中而得以加強，橫向組織內部由於建立了有效的橫向系統，實現了緊密聯繫，優勢倍增。

這樣的組織變革，不僅使惠普內部現有的技術資源優勢得到充分的發揮，使技術創新更加高速、高效，也促進了各個業務部門之間的溝通和聯繫，實現了創新活動，從創意到技術開發、產品研製、生產製造、市場行銷與服務的一體化，使惠普公司有效地維護了公司的競爭優勢。

在新的經濟時代，面對不斷變化的外部環境，高聳型、多層次的企業組織已無法應對，只有通過減少管理層次，壓縮職能機構，建立一種緊湊而富有彈性的新型扁平化組織，才能加快決策速度，提高企業對市場的快速反應能力，促進組織內部全方位運轉。

第三章
培養節儉的企業文化
PART 3

節儉

對於企業來說，節儉可以有效地降低企業的成本，增強產品的市場競爭力，提高企業的盈利空間，增強應對市場變化的能力。提倡節儉意識，有助於逐步形成勤儉持家、注重節儉的企業文化，使之成為員工的自覺行動。

文化對於個人的影響是巨大的，它會在潛移默化中，不間斷地影響員工的行為，讓員工改變浪費的習慣，並會促使員工自覺地為企業降本增效出謀劃策。天長日久、聚沙成塔，企業這台大機器的運作效率才會越來越高。

1 杜絕「差不多」思想

在工作中，我們經常能夠聽到「差不多就行了，何必這麼認眞？」、「可能」、「大概」、「估計」、「好像」等等這樣類似的話。這些詞其實是一種工作狀態的反映，作什麼工作不細緻，不精益求精，不求進取，特別容易滿足現狀，只求「過得去」，不求「過得硬」，「差不多」就行了。結果是「差不多」變成了「差很多」，「過得去」變成了「過不去」。

水溫升到九十九℃，還不是開水，其價值有限；若再添一把火，在九十九℃的基礎上再升高一℃，就會使水沸騰，並產生大量水蒸氣來開動機器，從而獲得巨大的經濟效益。一百件事情，如果九十九件事情做好了，一件事情未做好，就有可能產生百分之百的不良影響。我們工作中出現的問題，的確只是一些細節、小事上做得不完全到位，而恰恰是這些細節的不到位，又常常會造成較大影響。

對很多事情來說，一點點差距，往往會導致結果上出現很大的差別。很多人工作沒有做到位，甚至相當一部分做到了99％，就差1％，但就是這點細微的區別，使他們在事業上很難取得突破和成功。

海爾公司的總裁張瑞敏．在比較中日兩個民族的認眞精神時曾說：如果讓一個日本人每天擦桌子六次，日本人會不折不扣地執行，每天都會堅持擦六次；可是如果讓一個中國人去做，他在第一天可能擦六次，第二天可能擦六次，但到了第三天，可能就會擦五次、四次、三次，到後來，就不了了之。有鑒於此，他表示：把每一件簡單的事做好，就是不簡單；把每一件平凡的事做好，就是不平凡。

與日本人的認眞、細緻比較起來，中國人確實有大而化之、馬馬虎虎的毛病，以至於社會上「差不多」先生比比皆是，「好像」、「幾乎」、「似乎」、「將近」、「大約」、「大體」、「大致」、「大概」、「大概其」等等，成了「差不多」先生的常用詞。

就在這些辭彙一再使用的同時，生產線上的次級品出來了，礦山上的事故頻頻發生了，社會上違章犯紀、不講原則的事情，也是屢禁不止。

隨著經濟的發展，專業化程度越來越高，社會分工越來越細，也要求人們做事要更加認眞、細緻，否則會影響整個社會體系的正常運轉。如一台拖拉機，有五六千個零件，要幾十個工廠進行生產協作；一輛小汽車，有上萬個零件，需上百家企業生產協作；一架「波音747」飛機，共有四百五十萬個零件，涉及的企業單位更多。美國的「阿波羅」飛船，則要二萬多個協作單位生產完成。在這由成百上千，乃至上萬、數百萬的零件所組成的機器中，每一個零件容不得哪怕是1%的差錯。否則的話，生產出來的產品不單是殘次品、廢品的問題，甚至會危及人的生命。如中國前些年澳星發射失敗就是細節問題：在配電器上多了一塊〇．一五毫米的鋁物質，正是這一點點鋁物質，導致澳星爆炸。正所謂「失之毫釐，謬以千里」。

美國品質管制專家菲力浦．克勞斯比曾說：「一個由數以百萬計的個人行動所構成的公司（想想看，每個人每天要執行多少不同的行動），經不起其中1%或2%的行動偏離正軌。」

而且，注重細節、把小事做細是一個比較難的事。豐田汽車社長認爲其公司最爲艱巨的工作，不是汽車的研發和技術創新，而是生產流程中一根繩索的擺放，要不高不矮、不粗不細、不偏不歪，並且要確保每位技術工人在操作這根繩索時，都要無任何偏差。

認眞精神對現代企業來說是不可或缺的。第二次世界大戰後的德國和日本，正是憑藉著整個民族的認眞精神，在很短的時間內取得了經濟的騰飛。對企業來說，認眞精神主要表現在對細節的追求，不要容忍差錯率，實行精細化管理而不是粗放式的管理。

飛龍集團總裁姜偉，是「中國改革風雲人物」之一，一九九〇年十月創辦企業時，註冊資金只有七十五萬元，第二年就實現利潤四百萬元，一九九二年實現利潤六千萬元，一九九三年、一九九四年連續兩年利潤超過兩億。這個靠飛燕減肥茶起家的民營企業，資本積累速度絕不亞於海爾，可爲什麼一九九五年一遇上保健品市場下滑，就變得一蹶不振呢？

一九九五年六月，姜偉在報紙上登出公告，稱「飛龍集團進入休整」，從此便不見蹤跡。兩年後，也就是一九九七年六月，他又突然出現了，並對新聞界說他這兩年近乎與世隔絕，主要是閉門思過，給自己歸納出了二十個大的失誤。其中一大失誤是「管理規章不實不細」：在六年的發展中，制定了無數條規章和紀律，規章制度已經比較完整，但這些規章大部分沒有嚴密的具體細則，沒有落實到具體責任人，導致「有章難依」的局面。實際上，在「飛龍」這種家庭色彩很濃的企業裏，定的制度不過是空話。驚變之後的姜偉，有一條刻骨銘心的教訓：法規的制定僅僅是第一步，其後必須增加兩方面的內容，即法規實施細則和實施檢查細則。

粗放式的管理讓「飛龍」墜地，隨著市場競爭的日趨激烈，和企業對管理認識的不斷深入，越來越多的企業意識到粗放管理的諸多弊端，和對企業的不良後果，紛紛向更爲科學、有效的精細管理方式轉變，精細管理是一種高效、節約的企業管理方式。

海爾要求把生產經營的每一瞬間管住，在海爾，從上到下，從生產到管理、服務，每一個環節的控制方法儘管不同，卻都透出了一絲不苟的嚴謹，眞正做到了環環相扣、疏而不漏。如海爾生產線的十個重點工序，都有質量控制臺，一百五十五個質量控制點，都有質量跟蹤單，產品從第一道工序到出廠，都建立了詳細檔案，產品到用戶家裏如果出了問題，哪怕是一張門封條，也可以憑著「出廠記錄」找到責任人和原因。國內許多企業在投入與產出之間，往往形成一個巨大的空檔，只對投入產出做了理想的規劃，如何落實，則沒有紮實的手段。我們見過的許多企業，都是「大概其」的管理，管理水平低下，是目前影響企業效益的根本原因之一。海爾的精細化管理與國際是接軌的，國際名牌產品的生產經營流程，要求每一個工藝環節，甚至每一個工位都能得到控制。

日本的歐姆龍公司，主要的產品是繼電器。進入這家公司在上海的工廠可以發現，所有的標識非常清楚，不合格的繼電器按照順序碼放在小盒子裏，擱在紅線區域之內。在生產過程中，有一道焊接工序：將繼電器放在焊接液中，兩秒鐘之後取出。爲了準確控制焊接所需的最佳時間，公司特意設置了一隻錶，兩秒鐘後自動報時。所有產品的生產過程把握得都非常準確，環境整潔有序，這就是製造業中的「精細化管理」。

美國的霍尼威爾公司，每一位員工都有自己的年度目標，部門也有部門的年度目標，這些目標都已經被量化。這樣，從公司精細化到每一位員工都有自己的目標。霍尼威爾公司的產品的交貨期不是以天數計算，而是以小時來計算。例如，一批貨物下午四點鐘必須要到達報稅倉庫，因爲要準時裝上五點鐘的飛機飛往歐洲。這就要求所有的成品在二點鐘前必須到達公司的成品庫，三點鐘裝上卡車，四點鐘到達報稅倉庫，五點鐘飛往歐洲，第二天，該公司所組裝的產品，就能及時地直接出現在市場上。

目前，很多跨國公司的精細化管理，已經到達了十分細緻的地步。與其他的企業相比，實行精細化管理的公司的產品是一樣的，但是管理卻不一樣，所以企業的利潤也大不一樣。

精細管理是一種意識、是一種理念，是一種認眞負責的態度，是一種精益求精的文化。精細管理同時也是一種管理方法，建立目標細分、標準細分、任務細分、流程細分，實施精確計畫、精確決策、精確控制、精確考核。精細管理的形式要求是規範化、程序化、資料化，它要求做每一件事都要抱著認眞的態度，不要有「差不多」的思想。

毛澤東說：「世界上怕就怕『認眞』二字，共產黨就最講『認眞』。」在這個世界上，任何人都不能迴避「認眞」二字，只有「認眞」，才能有所成就、才能成功。對企業來說同樣如此。

企業經常面對的都是看似瑣碎、簡單的事情，但卻最容易忽略，最容易錯誤百出。其實，無論企業也好、個人也好，無論有怎樣遠大的目標，但如果在每一個環節連接上，每一

個細節處理上不夠到位，都會被擱淺，最終將導致失敗。「大處著眼，小處著手」，才能達到管理的最高境界。

❷節儉是企業和員工共同的選擇

企業與員工事實上結成了利益上的共同體。只有企業獲利，員工才會最終獲利；也只有員工獲利，企業才可能實現可持續的發展，節儉是員工和企業的雙贏。對於企業來說，節儉可以有效地降低企業的成本、增強產品的市場競爭力、提高企業的盈利空間、增強應對市場變化的能力。提倡節儉意識，還有助於逐步形成勤儉持家、注重節約的企業文化，使之成爲員工的自覺行動。

現在，很多企業普遍存在這樣一個現象誤區，有些員工總是認爲錢是企業的，浪費的是企業的資源，反正有企業「買單」，即使節省下來，也裝不到自己的腰包裏，何必節儉呢？這類人對於節儉總是抱著一種懷疑、無所謂的態度，平時在工作當中，總是大手大腳的、隨意地浪費原料、辦公用品等，嚴重損害了企業的利益，造成了極大的浪費。

這類現象的存在，一方面說明這些員工缺乏責任感，持有這種態度的員工，不會是一名好的員工；從另一方面來說，這些員工並沒有眞正地理解節儉對於自己的意義。

其實，單純從員工和企業的關係來說，節儉是員工和企業的雙贏。對於企業來說，節儉可以有效地降低企業的成本、增強產品的市場競爭力、提高企業的盈利空間、增強應對市場變化的能力。提倡節儉意識，還有助於逐步形成勤儉持家、注重節約的企業文化，使之成爲員工的自覺行動。

提倡勤儉節約，不僅對企業有好處，更會惠及員工自身的利益。如果每一名員工都能夠自覺地進行節儉，爲企業創造價值和效益，使企業的效益更好，企業就更有能力給予員工相應的回報和鼓勵，使員工也能夠得到更大的利益。

在IT巨人思科公司，員工節儉已經成爲一種習慣，他們想方設法爲企業節儉。思科的員工會將沒喝完的礦泉水裝入背包，以防止浪費，思科所有員工出差，一律坐經濟艙。爲什麼思科的員工都能夠自覺地進行節儉呢？能夠通過節儉使企業和員工都獲得更大的利益，是他們節儉的動力所在。

二○○四年，思科通過各種手段降低的開支，高達十九．四億美元。思科三萬多名員工，個個都有公司股份，公司「摳」出效益，大家都受益。思科公司實行的是全員期權方案，員工的待遇就是工資加股權，公司全員享有期權，40％的期權在普通員工手中，一名思科普通員工只要幹滿十二個月，在股權上的平均收益是三萬美元。此外，公司還把節儉剩下來的資金用於員工的培訓，使員工的工作能力得到提高。思科公司曾經投入上百萬美元進行員工培訓，得以在行業好轉的時候，迅速拉開和競爭對手的差距。公司曾經聘請在好萊塢工作過的導演，給員工做溝通方面的培訓，十二人的課程培訓了三天，每人五千美元的費用。這些都是很好的例證。

節儉給思科的員工帶來了確實的好處，思科公司員工的工資高於業界的平均水平。用員工自己的話說，雖然不是最高的，但也是在工資水準的前三分之一的梯隊之中。當然，思科的節約也不是教條性的，如果有人能喝掉整瓶水，也絕不會有任何人指責他浪費。在思科眼裏，物盡其用並不是浪費。

勤儉節約的良好風氣，對於企業與員工都很有好處，所以，每一名員工都應該以勤儉節約爲榮，杜絕浪費行爲，爲企業降本增效出謀劃策。這些看似微小的事，都是對企業、對自己的一種負責的態度。每一名員工都應該加強節約意識，並將其轉化成自覺行動。聚沙成塔、集腋成裘，企業這台大機器的運作效率才會越來越高。

3 浪費說到底是一個責任心的問題

員工與企業之間，存在著一種非常重要的關係——責任關係。一方面，企業以責任的形式，向個體提出各種要求；另一方面，個體在承受了企業的責任要求以後，形成個體的責任心，在責任心的驅使下，履行企業賦予自身的責任，最終形成責任行爲。因此，員工的責任心是企業能否正常運作的基本保證。

國內某商廈發生特大火災，造成五十四人死亡、七十餘人受傷，經濟損失難以估量，對社會的負面影響，更是難以用數字來形容。而導致這場特大火災的直接和間接原因是什麼呢？事後查明原因有三：第一，火災是由商廈某員工在倉庫吸煙所引發；第二，在此之前，商廈未能及時整改火災隱患，消防安全措施也沒有得到落實；第三，火災發生當天，值班人員又擅自離崗，致使群眾未能及時疏散，最終釀成了悲劇。這三方面無一不涉及員工的責任心問題。員工責任心的缺失，給企業造成了巨大的浪費和損失。

當然，責任心的缺失，有時候造成的損失並不一定都像案例中那樣巨大，更多時候它帶來的浪費是隱性的，表面上很難看出它會有多麼嚴重的後果，然而日積月累，往往就註定了企業的命運。

在我們許多達到一定規模的企業中，往往存在這樣一些類似情況：企業的老總經常抱怨員工工作責任心不強，辦事一點也不積極，坐等上級佈置工作，上級不指示就不執行，上級不詢問就不彙報，上級不檢查就拖著辦；等待外部的回覆，什麼時候回覆不是我能決定的，延誤工作的責任應該由對方負責，我只能等；等待下級的彙報，任務雖已佈置，但是沒有檢查、沒有監督。不主動去深入實際調查研究，掌握第一手資料，只是被動地聽取下級的彙報，沒有核實，然後做決定或向上級彙報，瞞天過海、沒有可信度，出了問題，責任往自己的下級身上推。

人們還經常見到這樣的員工——電話鈴聲持續地響起，他（她）充耳不聞，仍然慢條斯理地處理自己的事，更爲嚴重的是，屋子裏投訴的電話鈴聲此起彼落，可他就是不接聽。問之，則曰：「還沒到上班時間。」其實，離上班時間僅差一兩分鐘。一些客戶服務部門的員工講述自己秘密：「五點下班得趕緊跑，不然慢了，遇到顧客投訴就麻煩了——耽誤回家。即使有電話也不要輕易接，接了就很可能成了燙手的山芋。」

這些問題看起來是微不足道的小事，但恰恰反映了員工的責任心。正是這細小之事，關係著企業的信譽、信用、效益、發展，甚至生存。

一九九八年四月，海爾在全集團範圍內掀起了向住宅設施事業部衛浴分廠廠長魏小娥學習的活動，學習她「認眞做好每一件看似微不足道的事情的精神」。

爲了發展海爾整體衛浴設施，一九九七年八月，三十三歲的魏小娥被派往日本，學習掌握世界最先進的整體衛浴生產技術。在學習期間，魏小娥注意到，日本人試模期廢品率一般都在30%至60%，設備調試正常後，廢品率爲2%。

「爲什麼不把合格率提高到100%？」魏小娥問日本的技術人員。「100%？你覺得可能嗎？」日本人反問。從對話中，魏小娥意識到，不是日本人能力不行，而是思想上的桎梏使他們停滯於2%。作爲一個海爾人，魏小娥的標準是100%，即「要麼不作，要作就要爭第一」。她拼命地利用每一分每一秒的時間學習，三周後，帶著先進的技術知識和趕超日本人的信念，回到了海爾。

時隔半年，日本模具專家宮川先生來華訪問，見到了魏小娥，她此時已是衛浴分廠的廠長。面對著一塵不染的生產現場、操作熟練的員工和100%合格的產品，他驚呆了，反過來向徒弟請教幾個問題。「有幾個問題，曾使我絞盡腦汁地想辦法解決，但最終沒有成功。日本衛浴產品的現場髒亂不堪，我們一直想做得更好一些，但難度太大了。你們是怎麼做到現場清潔的？100%的合格率是我們連想都不敢想的，對我們來說，2%的廢品率、5%的不良品率天經地義，你們又是怎樣提高產品合格率的呢？」

「用心。」魏小娥簡單的回答，讓宮川先生大吃一驚。

用心，看似簡單，其實不簡單。魏小娥在實踐中，把2％放大成100％去認識，比如她發現，有的產品成型後有不易察覺的黑點，就馬上召集員工研究對策。有的員工說：「這個黑點不仔細看根本看不見，再說，經過修補後完全可以修掉……」魏小娥說：「這些有黑點的產品一旦流向市場，就會影響海爾的美譽度，用戶都能拿著放大鏡、聽診器去買冰箱，也會拿著這些東西來買衛浴設施。所以，既是『白璧』就不能有『微瑕』，產生這個小黑點的原因，就是我們的現場還不能做到一塵不染。」

2％的責任得到了100％的落實，2％的可能被杜絕。終於，100％這個被日本人認為是「不可能」的產品合格率，魏小娥做到了，不管是在試模期間，還是設備調試正常後。正是由於海爾人的這種視質量為生命的強烈責任感，為海爾贏得了消費者，贏得了市場。

事實上，零缺陷的產品通過人的努力，還是可以實現的。一般情況下之所以達不到，只是人給自己找藉口，是自身的惰性使然。精益求精、嚴格要求自己，零缺陷的目標就能實現。

如果員工的責任感缺失，那麼，沒有人會關心工作任務的截止時間、產品的質量和企業計畫能否獲得成功，沒有人關心任務的執行情況，而這給企業造成的浪費是很難計算的。

對企業來說，管理和加強員工的責任心，是一個不能忽視的問題。一個企業組織運行效率的高低，除了與組織架構、規章制度、激勵機制有關之外，還與企業的理念體系及文化建設密切相關。而且，理念和文化關係到組織成員的工作態度問題，他對企業運行效率的影響也許更大一些。如果一名員工在責任意識上沒有達到一定的高度，僅靠機械的架構設置或強制措施的制約，絕不可能達到預想的效果。

中國的一個代表團到韓國洽談商務，代表團車隊的先導車由於開得較快，爲了等待後續車輛，暫停在高速公路的臨時停車區。幾分鐘後，一對駕駛「現代」跑車的年輕夫婦停靠過來，問代表團的人，車輛是否出了什麼問題，是否需要他們的幫忙。因爲他們中的男士是現代汽車集團的職員，而代表團的車輛恰好是他們生產的汽車。相信現代公司並沒有規章制度去要求員工這樣做，這完全是責任心使然。如果一個企業的組織成員，都養成了這樣的個人責任意識和思維習慣，那麼，這些成員的行爲習慣，又將對企業組織運行效率的提高，以及執行力的提升帶來很大的積極作用。

公司的每一名員工，都是公司整體價值鏈條中的重要一環，員工對工作要有強烈的責任感，要敢於承擔責任、愛崗敬業、恪盡職守。一個沒有責任心的人，是很難立足於社會的，更不用說成就事業。對於沒有責任心、工作挑肥揀瘦甚至怨天尤人的員工，公司是不會長久聘用的，更不會重用。

許多企業家在管理實踐中採取了不少改進措施，以提高企業的運行效率，比如不斷地對企業的組織架構進行調整、引入新的激勵機制、訂出各種規章制度等。但令人遺憾的是，大多數企業的運行效率並未得到眞正的提高，主要的原因就在於責任心的缺失。

第二次世界大戰中，曾有過這樣的一個故事：盟軍委託一家軍工廠生產降落傘，其要求是每副降落傘都要100％的合格。因爲跳傘的都是活生生的盟軍士兵，盟軍首領有義務保障其士兵的安全。但生產廠家認爲100％合格的產品根本不存在，目標無法達到。後來，盟軍首領想出了一個絕妙的辦法，即將生產出來的降落傘隨機抽幾個，然後由生產它的人員背著它跳下去。通過這樣的抽檢方法，降落傘竟奇蹟般地實現了100％合格。

很顯然，更高的運行效率和更好的質量水平，要求員工有高度的責任心。對企業來說，只有改變每個組織成員的思維習慣，形成明確的個人責任意識，才能改變每個組織成員的行爲習慣，形成優秀的企業文化，最終改造一個企業、改變一個社會。要想讓每一名工作人員的責任心都充分體現出來，必須首先讓員工學會遵守工作流程，嚴格按工作標準工作，不違反工作制度，自覺接受組織監管。要做到這一點，必須對員工進行培訓、教育。

何爲「培」？培：培土；培養。在樹苗四周堆上土叫「培」，目的有二：一是保護，不被風刮倒；二是保養，添加養料。何爲「訓」？就是告訴人們不該做什麼。訓導，就是告訴人們應該做什麼，應該怎麼做；訓練，就是反覆做，把應該做的事情，按正確的方法反覆演練。訓練的目的，就是達到熟練掌握和習慣自覺的程度，使工作人員養成按工作流程和標準工作的習慣。

通過培訓教育，使員工自覺自願地反覆做正確的事情，把演練和實戰相結合，使員工達到對業務流程熟悉的程度，對業務標準形成條件反射的程度，使行爲達到習慣的程度，達成統一的行爲模式和企業氛圍，從而提高整個組織的責任心，構建企業的防火牆。只有這樣，才能談得上企業對員工責任心的經營。

4 培養員工積極的工作態度

如果你是一個農夫。當你僅求個人溫飽時，你可能三餐不飽；當你謀一家之溫飽時，你會成爲一個合格的農夫；當你謀求天下人的溫飽時，你就會成爲袁隆平。態度決定結果，對企業來說，對員工工作態度的管理，是一個重要的人力資源活動，它關係到個人績效的提高和正確的團隊氛圍，企業需要從各個方面來引導員工形成正確的工作態度。

管理，就是爲了節省成本、提高效率，用最小的成本，創造最大的價值。對於一切可用可不用的開支，都不開支。對於一切可做可不做的行爲，都不行爲。「高效率、低成本」給企業帶來的好處是不用多說的，「集腋成裘，彙涓成河」，天長日久，這就是一筆很可觀的數目。

韓國西傑集團是韓國本土的一家麵粉廠，雇員六十六名，日處理小麥的能力是一千五百噸。西傑集團曾經在內蒙古投資辦過廠，日處理能力是二百五十噸，員工人數卻高達一百五十五人，而且當時的設備比現在的韓國工廠的設備要先進。同樣的投資者、同樣的管理，設

在中國的工廠與韓國本土的生產效率居然相差十倍。

主要原因是什麼呢？就是中國人對待工作的態度。韓國人做事總是手腳不停，無論是工人還是管理人員，比如說，某個人覺得自己的崗位比較空閒，就會做其他一些事情。而中國大部分的企業，還存在把自己的事情做完了就夠了的想法。

爲什麼生產效率會有十倍之差？這不是簡單的相加的問題，不是說一個韓國人的效率是一個中國人的一．二倍，十個韓國人的效率就是就相當於十二個中國人的效率，而應該是乘積關係，十個韓國人的工作效率，就等於一．二的十次方倍。韓國人比中國人收入高好幾倍，的確是物有所值。

來自哈佛大學的一項研究發現，一個人的成功中，積極、主動、努力、毅力、樂觀、信心、愛心、責任心……，這些積極的態度因素占80％左右。無論你選擇何種領域的工作，成功的基礎都是你的態度，也可以這麼說：工作態度決定結果。

工作態度是員工對他們的工作和工作環境的心理感受。雖然企業的員工帶著各種心態來上班，但他們的工作態度，特別是他們作爲一個整體的工作態度，主要取決於管理者爲他們營造的工作環境。

在每個組織中，上級監管下級的方式對工作態度也有很大影響。專制的、懲罰爲主的管理方式，會使員工產生「只做主管交代過的事」的消極態度；參與式的管理方式會鼓舞員工，主動熱情地去做許多分外的工作。

每個公司用來影響員工工作態度的方法各不相同。生產野外服裝和用具的巴塔哥尼亞公司，爲員工營造了一種非常人性化、充滿關懷的工作氛圍。福特公司學習日本汽車工業龍頭企業的經驗，讓工人以小組爲單位進行工作，給予每組工人很大的自主權。生產印刷電路板的索勒克通公司則強調團隊協作，管理層與工人經常進行開誠佈公的會談和交流，以及將產品質量作爲鼓勵員工改進工作和增強創造力的手段。

顯然，有許多因素可以對員工的工作態度產生影響。對於管理者來說，最重要的不在於鼓舞員工士氣時的小心謹慎，而在於他們是否眞正認識到，工作態度對其他一切事情的重要作用。員工工作態度惡劣，如果繼續留在公司，不僅會影響自身的工作，對其他員工的態度也會有很大的影響，工作效率難免會降低，管理成本自然要提高。如果重新聘用新人，也會增加成本。所以，對員工惡劣的工作態度放任不管，是一種「低效率、高成本」的做法。

爲了提高工作效率、降低企業成本，管理人員必須要善於培養員工積極的工作態度，改變其消極的態度。員工消極的工作態度，是指員工在工作中，通過經驗積累而形成對工作所持有穩定的、消極的評價與行爲傾向。轉變員工消極的工作態度，有助於提高員工的工作積極性，消除員工的消極行爲，使員工形成一些企業所期望的積極行爲。

雖說一般的工作態度，都是在年輕時就已逐漸定型了，但也並非全然不可改變。工作態度是可以改善的——改善的程度則取決於管理人員是否下定決心，要將員工的消極頹廢工作態度，轉變爲積極進取的態度。

欲改善員工的工作態度，不應只是命令式的要求員工自行改進，而是應從主管人員自身做起。在採取任何步驟以求改善別人的工作態度之前，首先自己必須先對公司組織、自己的工作，以及自己幫助別人的能力做一番肯定，必須爲自己建立一套正確的思維方式。

員工對公司的熱忱減退，或是對工作現況產生不滿，甚至會對自己以及下屬員工喪失信心……，這種情況是十分正常的。沒有任何的公司組織、任何職位或是任何個人是完美無暇的。但是，那些成功的主管人員，卻往往將這種令人心灰意冷的消極思想，適當的轉換爲一種樂觀的期許。他們確認積極樂觀的正面思想，遠勝於悲觀晦澀的負面思想。因此，他們總是以肯定、堅毅的樂觀態度，從容面對眼前繁重的工作。如此一來，那些使人意志消沉、鬥志全失的負面思想，自然就不攻自破了。以下幾種方法可供參考。

參與實踐法。通過員工參與工作實踐，在實踐中不斷地認識瞭解工作，從工作中得到啓發和教育，進而轉變員工消極的工作態度。在管理中，我們可以透過員工參與管理、工作豐富化、提合理化建議等途徑，來轉變員工的消極工作態度。

強化法。當員工產生消極行爲時，我們可對他們的行爲進行負強化或懲罰，進而轉變他們的工作態度，如批評、罰款、停職、降級等。反之，要及時地給予正強化，如獎金、晉升、表揚、認同等。

目標導向法。員工的消極工作態度，有時是因爲管理者未能把工作的目標，與員工的切身利益聯繫起來，所以，要把工作目標和員工的切身利益聯繫起來，使之成爲自己的主觀需要，進而形成積極的工作態度。

宣傳教育法。企業應重視利用企業文化來教育員工，陶冶員工的情操。這樣可幫助員工對企業形成正確的認識，改變對工作的錯誤看法，有助於轉變員工消極的工作態度。

榜樣示範法。在企業中樹立一些愛崗敬業的先進榜樣，對員工消極工作態度的轉變很有幫助。通過各種管道，使員工瞭解先進人物對工作的思想、情感、行爲，使員工心靈的深處受到觸動。

懇談法。通過懇談的方法，逐漸向具有消極工作態度的員工提出轉變的要求，有助於員工態度的轉變。對此，我們不能操之過急。

資訊溝通法。轉變員工消極工作態度的效果，與資訊溝通的效果相關，而在轉變員工消

極工作態度的過程中，影響資訊溝通效果的因素有溝通者、溝通內容、溝通對象，因此，在使用這種方法時，應對它們進行研究。

工作態度的管理是，一個重要的人力資源管理活動，不僅僅關係到個人的績效提高，也關係到整體的績效改善，和正確穩定的團隊氛圍。企業需要從各個方面來加強管理活動，引導正確的工作態度。

5 讓節儉成為企業的核心競爭力

一般來說，追求成本領先的企業，應著力塑造一種以成本爲中心的企業文化，注重細節，精打細算，講究節儉，嚴格管理。不但要抓外部成本，也要抓內部成本；不但要把握好戰略性成本，也要控制好作業成本；不但要注重短期成本，更要注重長期成本。要使「降低成本」成爲企業文化的核心，一切行動和措施都應體現這個核心，一切矛盾和衝突的解決，都應服從於這個核心。「邯鋼模式」或稱「邯鋼經驗」，一段時間曾廣爲推行，很重要的一點是形成了一種文化，這種文化得到了員工的高度認同。

對成本改進的追求，絕不僅僅是管理者一個人的事情，企業裏每一個人的行爲，都會對企業整體的成本水平產生影響。也就是說，企業的每一名員工都是成本的貢獻者，認識不到這一點，對於我們理解成本改進將是極其不利的。應該讓節儉成爲公司的文化。

所謂「文化」，就需要我們人人去瞭解、人人去執行。因此，一個企業要想降低自己的成本，首先就要在企業內利用可能的手段，向員工宣傳節約的思想，讓他們對此有高度的認識。當然，僅僅宣傳還不夠，企業還應該對員工進行適當的培訓，教會員工改進成本的方法，並且對那些在成本改進方面成績卓越的員工，要給予積極的獎勵，使企業裏形成一種人人爭先改進的風氣。

沃爾瑪作爲全球最大的零售企業，銷售額年年都突飛猛進。發展到今天，它已經擁有了二千多家沃爾瑪商店、將近五百家山姆會員商店和二百多家沃爾瑪購物廣場，遍佈在世界的許多國家和地區。在美國《財富》雜誌每年一次的全球五百強排名中，沃爾瑪已經連續好幾年榮登榜首了。自一九五〇年成立以來，短短五十多年時間，沃爾瑪就發展到了如此之大的規模，這完全可以稱得上是世界零售行業的一個奇蹟。然而，已經輝煌的沃爾瑪，仍然在以不可估量的速度飛速前進著。

沃爾瑪是以它的「全球最低價」而聞名世界的，這是沃爾瑪的核心競爭力所在。「幫顧客節省每一分錢」，是沃爾瑪提供服務的宗旨，也正是因爲它的承諾，沃爾瑪才會受到全世界消費者的青睞。在沃爾瑪的商店裏，大到家用電器、珠寶首飾、汽車配件，小到布匹服飾、藥品、玩具以及各種日常生活用品等，一應俱全。這裏商品的價格肯定是最便宜的，但商品並沒有因爲價格便宜而在質量方面大打折扣。沃爾瑪之所以能夠做到最低價，其中一個重要原因，就是成功制定並正確實施了成本領先戰略，拼命地降低自己的成本，節省了一切不必要的開支。

貫徹節約開支的經營理念。一個企業的經營理念，既是企業的靈魂，同時也是企業經營成敗的主要因素。沃爾瑪的經營理念，其實也就是其經營策略中所提倡的「天天平價，始終如一」。「天天平價，始終如一」具有豐富的內涵，它不僅是指一種或若干種商品低價銷售，而是所有商品都以最低價銷售；不僅是指在一時或一段時間低價銷售，而是常年都以最低價銷售；不僅是在一地或一些地區低價銷售，而是所有地區都以最低價銷售。爲了把商品價格控制在最低水平，實現「天天平價」，沃爾瑪堅持以節約開支的經營理念爲指導，把流通成本降到行業最低，最終成爲零售行業的成本管理專家，和實施成本領先戰略的典範。

降低採購和配送成本。沃爾瑪直接向工廠統一購貨，輔助供應商降低成本，以減少購貨成本。購貨成本是制定商品最終售價的基礎，也是對商品成本進行管理的起點。爲降低購貨成本，沃爾瑪採取直接統一購貨，和輔助供應商減少成本兩者相結合的方式。這種方式實現了完整的全球化適銷品類的大批量採購，並形成絕對的低成本採購優勢。

沃爾瑪建立了高效運轉的配送中心，降低庫存成本。如果由各店鋪分散訂貨、存貨以及補貨，將產生高昂的庫存成本。爲使庫存成本降到理想水平，沃爾瑪建立了配送中心，由配送中心集中進行商品配送。爲提高效率，配送中心內部實行完全自動化，所有貨物都在鐳射傳送帶上運進和運出，效率非常高，平均每個配送中心可同時爲三十輛卡車裝貨，並可爲送貨的供應商提供一百三十五個車位。配送中心的高效運轉，使得商品在配送中心停留的時間很短，一般不會超過四十八小時。這種建立配送中心的方法，大大提高了庫存周轉率，縮短了商品儲存時間，有效避免了公司在正常庫存條件下，由各店鋪設置倉庫所付出的較高成本。在沃爾瑪各店鋪銷售的商品中，87%左右的商品是由配送中心提供的，庫存成本比正常情況下降了近50%。

沃爾瑪擁有自己的車隊，有效地降低了運輸成本。在所有的物流成本中，運輸成本是最高的，爲降低運輸成本，沃爾瑪採取了自身擁有車隊的方法，並輔之全球定位的高科技管理手段，保證車隊總是處在一種準確、高效、快速、滿負荷的狀態。沃爾瑪的這種有效降低運輸成本的做法，主要表現在兩個方面：一方面，減少了不可控的、成本較高的中間環節，和車輛供應商對運輸環節的中間盤剝；另一方面，保證沃爾瑪對發生在配送中心與各店鋪之間的運輸掌握主控權，能夠將「貨等車、店等貨」等不良現象，控制在最低限度，儘量使配送中心的發貨與各店鋪的收貨，做到平滑、無重疊銜接，將流通成本控制在最低限度。

利用發達的高科技資訊處理系統，作為戰略實施的基本保障。在先進的高科技資訊處理系統的支援下，各店鋪、配送中心、供應商和運輸車隊，利用空中資訊軌道及時聯絡，使快速移動的物流循環鏈條上的各個點，實現光滑、平穩、順暢的低成本銜接。沃爾瑪的分銷成本因此降至銷售額的3%以下，流通費用比競爭對手降低6%以上。另外，資金周轉速度也得到大幅度提高。有人做過統計，當沃爾瑪店鋪數達到一定規模時，在資訊處理系統和電腦網路輔助的幫助下，可使流動資金周轉次數比原來提高五至六次，使其平均利潤提高一到兩個百分點，而這一兩個百分點就是其核心競爭力。

對日常經費進行嚴格控制。沃爾瑪對於行政費用的控制可謂達到極致，在行業平均水平為5%的情況下，沃爾瑪整個公司的管理費用，僅占公司銷售額的2%。也就是說，沃爾瑪一直用2%的銷售額，來支付公司所有的採購費用、一般管理成本、上至董事長下至普通員工的工資。

為維持低成本的日常管理，沃爾瑪在各個細小的環節上，都實施節儉措施。另外，沃爾瑪的高層管理人員也一貫保持節儉作風，即使是總裁也不例外，首任總裁山姆與公司的經理們出差，經常幾人同住一間房，平時開一輛二手車，坐飛機也只坐經濟艙。可以說，沃爾瑪一直想方設法，從各個方面將費用支出與經營收入比率，保持在行業最低水平，這就使得沃爾瑪在日常管理方面，獲得競爭對手所無法抗衡的低成本管理優勢。節儉在沃爾瑪已成為一種文化、一種習慣。無處不在的節儉精神，鑄造了沃爾瑪的輝煌。

降低成本不僅僅是生產製造部門的事情，在每一項價值活動中，都會有成本控制的問

題。要在各項價值活動中，建立起成本控制的規劃來，然後對各種活動進行自我比較，看看哪一項活動，在改進成本方面取得的成效最爲顯著。同時，還要和我們的競爭對手做比較，看看我們和競爭對手之間的差距或者優勢在哪裡。這樣，才有利於我們更加清醒地認識到，自己在成本改進方面尚待提高的地方，然後積極努力地去提高它。

當節儉成爲企業文化的一個部分時，它就像我們每個人身體裏的 DNA 一樣，伴隨我們每一天的工作生活，讓我們在工作過程中，不斷地、自覺地去挖掘成本可以改進的地方，尋找一切可能的機會，這樣就能夠把成本領先的精髓，貫徹到每一項價值活動中去。

6 讓節儉成為習慣

習慣的力量是巨大的，好的習慣可以讓企業立於不敗之地，壞的習慣就會把企業從成功的神壇上拉下來。在微利時代要想生存下去，必須不斷地降低成本，養成節儉的習慣。

節約，是一種生產力。有了節約、少了浪費，自然就省出相當一部分的資源、能源，這實際上也就是在創造價值。反之，如果只注重生產、發展而忽視了節儉，儘管產出很高，但開支、浪費也大，那社會財富又怎麼能積累起來呢？在今天競爭這麼激烈的商業社會裏，就算是在很小的地方去節省，積少成多，最後節省出來的東西也是可觀的，甚至可能造成盈利和虧本的區別。

「宜家」家居連鎖公司現在幾乎是世界上無與匹敵的傢俱連鎖企業。它生產和經營的傢俱價格便宜、經久耐用、組裝方便。現在又具有了高雅的特點，顏色和造型都恰到好處，深受廣大顧客的喜愛。「宜家」的核心經營理念是：以低價銷售高品質的產品。宜家家居的網站清楚指出，公司所做的每一件事，都以這個想法爲基礎。因此，從設計採購到陳設、銷售產品的方法，每個環節都朝「爲目標顧客群壓低成本」的方向前進。

從一開始，「宜家」就奉行「低價高質」的業務宗旨。宜家的價格比競爭對手要低30％到50％。當其他公司隨時間推移傾向於提高價格時，宜家卻在過去四年中降價達20％。爲節約成本，宜家從產品定價到銷售，力求在每個環節不浪費一分錢。設計產品前，宜家先把價格定下來，這與一般廠商的流程剛好相反。一群跑遍全球的經理在發現某種流行趨勢後，便將產品開發重點定下來，傳達給開發經理；開發經理據此推算出這種新產品的成本會是多少，然後再降低30％到50％，這就是宜家想要的目標價格。

爲了降低生產成本，宜家一直致力於在更便宜的市場尋找更便宜的勞動力。現在，宜家從五十五個國家和地區的二千個供應商處擇優購買產品。過去五年，宜家從發展中國家購買的產品比例，已由32％增加到48％，從中國購買的比例高達14％，與在瑞典本土採購的比例接近。

在確定了價格和廠商後，宜家就利用內部競爭來尋找設計師和設計式樣。一個設計上的概念，讓宜家幾十年來處處節省成本至今。宜家家居把焦點放在重點上，不做非必要的事情，以免提高成本，浪費顧客的金錢。開發經理將產品價格、功能、所用材質和工廠設備，送給宜家的設計師和自由職業者，經過層層篩選才定稿。除了保證美觀外，宜家的設計師還肩負著提高材質利用率、爭取花最少的錢達到最佳結果的任務。

以設計馬克杯爲例，公司先把一般馬克杯的售價減去一半，成爲定價，然後再想辦法製造出符合這個定價的杯子。在這個階段，一個設計上的小決定就能影響成本，之後再乘以近百萬的產品數量，節省下來的金額十分可觀。

在製造產品的部分，公司會找到快而有效的方法。在馬克杯的例子中，製造時，公司會考慮不同的形狀、用料以及操作選擇，公司希望杯子能夠以最短的時間製造出來，而且能夠製造出可能的最大量產品，以量產節省支出。

在銷售過程中，爲了節省成本，宜家的銷售人員非常少。客戶需要自己爬上貨架，自己運輸並組裝傢俱。宜家網站表明，顧客自己輕輕鬆鬆就能完成的事情，公司不會向顧客多收費，提供多餘的服務。

爲了抵消由此造成的顧客購物費勁的弊端，宜家不遺餘力地將商店打造成瑞典的縮影。商店裏不僅有兒童保育中心，還有餐飲服務，更不用說客戶能夠看到、摸到傳遞著濃郁生活氣息的家居模型了。

在產品包裝方面，宜家也特別採用扁平式包裝，以節省成本。公司的設計師將桌腳設計成可以拆卸下來的，以方便桌子運送。現在宜家的所有產品，幾乎都設計成能夠扁平打包的結構，最大限度地利用了貨櫃空間，這樣就提高了運輸的效率，降低了運輸成本。如果以成品裝運，運輸體積將增大六倍。宜家的觀點是：我們不想為運輸空氣付錢。

此外，它們還把分佈在全球的近二十家配送中心和倉庫，集中在各交通要道和重要城鎮，這樣能夠極大地方便各分店之間的物流調配。由此，宜家家居運送及庫存的支出，據估計只有業界平均的六分之一。

壓低成本售價，只是宜家家居的一面，除了低價，公司還提供多樣化的產品。宜家家居認為，想買傢俱的顧客，不應該一家店一家店地跑，在宜家的店面，顧客可以買到植物、玩具，甚至整個廚房。店裏有最新一季的椅子，也有最經典的書架，產品的種類及風格都避免單一化。

除了低價，公司還推出具有時代感的產品。宜家家居旗下的設計師，多年來獲獎無數，美國《時代》雜誌的照片指出，宜家公司許多最熱賣的產品，至今仍然被視為傢俱的經典之作。

節儉作為一種習慣，已經深深地紮進了「宜家」的靈魂中，無處不在地發揮著它的作用，宜家在瑞典南部的赫爾辛堡設有一個辦公室，這裏的辦公室牆上貼有醒目的「省一度電」標語，突顯了公司最新的成本削減倡議。公司敦促員工，在不用電燈、水龍頭和電腦時，把它們關閉。

這其實是一場競賽：在全球各地的宜家分店或辦事處中，哪家省電最多，哪家就能得獎。

宜家這種儉樸節約的企業文化，源自公司的創建者坎普拉德。此人有個出名的舉動：駕駛一輛老舊的「富豪」車，在下午價格比較便宜時，去市場購買蔬菜水果。宜家員工出差時總是乘坐經濟艙，平日坐的則是公共汽車，而不是計程車。正是由於這種自上而下形成的節儉習慣，宜家征服了整個世界。

節儉既是節約資源、降低成本的需要，也是公司作爲一個現代企業應該具備的基本素質和文化。習慣的力量是巨大的，一旦一家公司上下養成了節儉的習慣，由此帶來的利益是很可觀的。

企業只有養成了節儉的習慣，企業的每一個人才能自覺地想盡辦法節約每一分錢，才能避免不必要的開支，從而最大限度地降低企業成本。

⑦讓有限的資源創造最大的收益

企業的每項生產經營活動，都可以創造價值，而且都必須創造價值，如果每一個經營活動創造的價值，都能夠超過競爭對手，那麼企業就可以形成競爭優勢，如果這些優勢能夠使企業的收入大於其支出，企業就可以盈利。對企業來說，必須充分利用企業的資源，獲得超過競爭者的收益，從而形成企業的競爭優勢。這就要求企業必須讓有限的資源創造最大的收益，避免不必要的浪費。

「不拉馬的士兵」這個故事流傳已久。一位年輕有爲的炮兵軍官上任伊始，到下屬部隊視察操練情況，發現了這樣一種情況：在部隊操練中，總有一名士兵自始至終站在大炮的炮管下面，紋絲不動。軍官不解，究其原因，得到的答案是：操練條例就是這樣要求的。

軍官回去後反覆查閱軍事文獻，終於發現了其中的原因，原來長期以來，炮兵部隊仍然把非機械化時代的舊規則，作爲炮兵的操練條例。以前，站在炮管下面的士兵的任務，是負責拉馬的轡繩（在那個時代，大炮是由馬車運載到前線的），以便在大炮發射後，調整由於後座力產生的距離偏差，減少再次瞄準所需的時間。雖然現在大炮的自動化和機械化程度很高，已經不再需要這樣的一個角色了，但是由於沒有及時對操練條例進行調整，因此出現了「不拉馬的士兵」。

軍官的發現，使他獲得了國防部的嘉獎。

也許有人會不解，這一點發現就可以獲得嘉獎，這位軍官眞是得了個大便宜。其實不然，軍隊可以因此節省人力，這有利於提高管理效率。而且如果節省的人力在另外的崗位上工作，又可以獲得額外的收益。從組織的角度來進一步分析，這實際上是一個組織工作系統的優化過程。「人得其事，事得其人；人盡其才，事盡其功」，在每一個企業中，完善的組織結構設計和合理運作的目標，就是這十六字方針。

「不拉馬的士兵」存在的原因，不外乎兩條。第一，當初企業在設計組織結構的時候，沒有堅持因事設崗的原則。設計的一些崗位沒有實際的工作，被安排在這些崗位上的員工，也沒有實際工作。第二，企業所處的外部環境發生了較大的變動，導致企業的工作流程和工作方式發生變化，而企業自身並沒有意識到這一點，仍因循原來的模式，結果就出現了眾多的「不拉馬的士兵」。

「不拉馬的士兵」的危害主要在於：「不拉馬的士兵」直接佔用了企業的資源，降低了企業組織的運作效率。

企業的資源總是有限的，目前的情況是，絕大多數企業都在想方設法地如何用有限的資源，實現企業生存和發展的目標，這樣的資源損耗，日積月累會有潰堤之力。

從更深一層看，「不拉馬的士兵」會大大影響企業內部的公平氛圍，和員工對公平的感覺。這直接影響企業內部的士氣和人氣，對企業發展的潛在危害是不言而喻的。人是企業最寶貴的資源，沒有士氣和人氣，企業的目標也失去了實現的基礎。

所以，如何才能使有限的資源獲取最大的收益，是每個企業管理者都必須考慮的事。企業的資源包括有形資源、無形資源、人力資源和組織能力等，包括企業在生產經營過程中的各種投入。資源在企業間是不可流動的且難以複製的，這些獨特的資源與能力，是企業獲得持久競爭優勢的源泉。當一個企業具有獨特、不易複製、難以替代的資源時，它就能比其他企業更具有優勢。

因此，如何充分運用現有的資源，形成企業的競爭優勢，是戰略管理的一個重要問題。

柏克德公司是美國一個具有百年歷史的家族企業。自成立至今，已在七大洲一百四十個國家和地區，從事二萬個建築工程的建設。現有員工四萬一千人，二〇〇〇年營業收入達一百四十三億美元。該公司持續成功的秘訣，在於柏克德公司把知識與經驗看作企業的重要資產，投入資金加強管理。

該公司的經理們發現，雖然那些具有多年工程建設工作經驗的專案團隊，積累了相當豐富的專業知識，但是這些知識卻處於封閉狀態，不爲他人所知，利用率自然也很小，所以有必要對企業的這些「複合型知識」進行優化管理。爲了最大限度地利用知識資源，柏克德公司採取了一系列的措施。

首先，爲了促進複合型知識在公司中的普及，柏克德公司建立了一套基礎設施。並且在這個過程中，充分地調動項目團隊中每一位成員的力量。這種努力，提高了公司的服務水平，使遍及世界各地的客戶更加滿意公司的服務。而且，這種努力使該公司的主要工程項目的收益也大幅度提高。

其次，柏克德公司專門設立了「知識總裁」和「知識經理」，由他們負責知識管理工作。「知識總裁」和「知識經理」的分工有所不同，「知識總裁」對經驗和知識管理進行全權負責，並對知識投入在經營項目中所占的比重高度關注。而「知識經理」則負責公司知識庫的某一部分，對這一部分知識進行及時的收集和分發。通過這一安排，公司知識可以在全體員工中得以普及，在一定程度上消除了公司人員培訓的負擔。

同時，柏克德公司在知識管理中，對傳遞的知識內容與知情範圍相當重視。對哪些知識可以傳遞給哪些人、不可以傳遞給哪些人，都有明確而嚴格的規定。這一規定保證了每個人總能得到最適合自己的知識，同時也減小了知識洩露的機率。柏克德公司通過知識管理，使知識資源得到充分利用，並創造了最大收益。

有資源不用，是一種巨大的浪費，對企業來說，盡可能地讓內部的每一種資源，都得到最大限度的利用，可以有效地提高效率，獲得更大的競爭資本。花同樣的錢辦更多的事，何樂而不爲？

第四章
低成本戰略
PART 4

節儉

所謂的低成本戰略，是指同類企業在提供產品或服務時，通過差異化的價值活動，把研究、開發、生產、銷售、流通等領域的成本，降低到明顯低於行業平均水平或主要競爭對手，從而贏得更高的市場佔有率或更高的利潤，成為行業中的成本領先者的一種競爭戰略。企業只要把價格水平控制在行業的平均水平，或者接近平均水平，企業就可以獲得超過平均水平的經營業績。

採用低成本策略的好處有兩點：一是，低成本戰略對於潛在的新進入者，形成了較高的進入障礙，從而阻止潛在的進入者，強化自身的競爭地位。二是，低成本戰略可以增強對供應商和購買者討價還價能力，降低了替代品的威脅。

1 杜絕有缺陷的產品

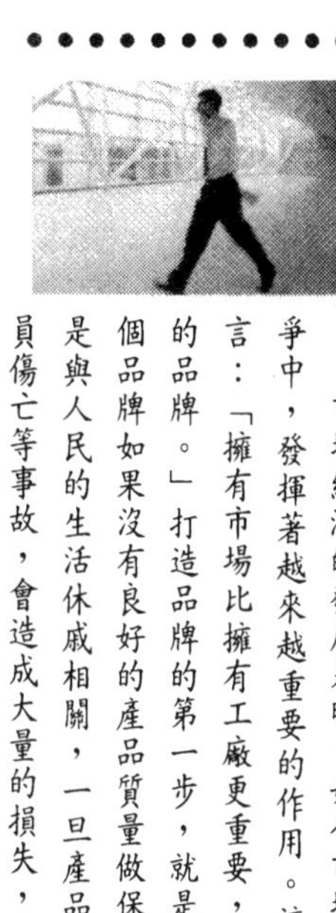

市場經濟的發展表明，如今市場已進入品牌競爭時代，品牌在現代市場行銷和競爭中，發揮著越來越重要的作用。這一點正如美國著名品牌策略專家萊瑞．萊特所言：「擁有市場比擁有工廠更重要，擁有市場的惟一辦法，就是擁有占市場主導地位的品牌。」打造品牌的第一步，就是有良好的產品質量，產品質量是品牌的生命，一個品牌如果沒有良好的產品質量做保證，它的壽命是長不了的，而且，產品的質量更是與人民的生活休戚相關，一旦產品出了質量問題，輕則造成經濟損失，重則導致人員傷亡等事故，會造成大量的損失，給企業帶來不必要的浪費。

說到產品質量，不得不提到日本，日本企業特別重視自己品牌的產品質量。說日本企業視質量爲企業品牌的生命，一點也不爲過。在第二次世界大戰以前，不少外國人眼裏日本製造的商品，一定是質量低劣的產品，更談不上什麼名牌產品。在戰後，美國和歐洲人提起日本產品，大概就是仿中國油紙傘、和服、玩具和一些不值錢的小玩意。二十世紀五〇年代，日本企業在政府的扶植之下，開始引進外國先進技術，相繼實施《機電產品振興法案》和《電子產品振興法案》，使產品質量不斷的提高。

二十世紀六〇年代，日本逐步實行經濟自由化政策，各企業更注重通過引進技術，來提高自己的產品質量，通過增強企業的技術研究和開發能力，創立名牌的產品。如日本的松下電器公司，最先引進荷蘭飛利浦的電子製造技術，從過去只能生產一般的電燈插座，發展到生產世界聞名的各類電器。松下公司在創立名牌的過程中，始終把握產品質量這一關。松下的宗旨就是，製造者的使命就是要生產優質產品，即使是1%的次品，對於用戶來說也是100%的次品，松下的質量理念是以用戶滿意爲標準，完全站在用戶立場上考察商品，而不是單純地考核技術指標，松下專門設置產品質量檢查所。凡是新產品進入市場之前，要在質量檢查所召開審查委員會通過，最後由總經理親自批准，才投放市場。松下還最早實行銷售和售後服務相結合，銷售店同時作維修服務，便於進行質量回饋。松下電器公司正是憑藉產品的質量，創立了世界電子產品的名牌地位。如今，松下在全世界三十八個國家和地區，建立了一百五十多個生產基地，公司將近60%的營業收入來自海外。

重視產品質量的日本企業，除了松下，在電器行業還有新力、日立、三洋、東芝、夏普等知名品牌企業。新力的盛田昭夫在談到產品質量與廣告的關係時認爲，不要迷信廣告萬能；質量低劣的產品，靠廣告的宣傳也是無法推銷的；而靠降價處理，則是破壞企業品牌聲譽最壞的辦法，眞功夫要用在提高企業產品質量上。

日本在汽車行業的幾大名牌，也是依靠嚴格的質量標準，逐漸打開國際市場的，有人認為，日本汽車佔領國際市場，主要是靠便宜的價格和靈活的市場行銷手段。這是不準確的，價格和行銷固然是產品競爭力要素，但是核心要素則是產品的質量。日本汽車的質量雖然比不上歐美產品的豪華，但在一九七三年世界石油危機之後，日本汽車廠商開發生產的汽車，具有省油、輕便、靈活的性能，以新的市場質量標準贏得了客戶，從而佔領了市場。特別是日本的豐田、日產、本田等，正是靠著信得過的質量，已經發展成為世界頗有影響力的汽車品牌。

對一個廠家來講，產品的質量好壞在消費者的心目中是非常重要的，產品質量高，就有市場，就有消費者，工廠也就有效益；如果說產品質量一再出問題，肯定會在市場上被淘汰，被廣大消費者拋棄。優勝劣汰，這也是市場規律的一種剛性表現。為了在市場中站住腳，企業必須重視產品的質量。

奇異公司的研究表明，生產前發現質量問題並加以糾正，所花的成本只有〇．〇〇三美元；生產過程中發現並予以解決，則需三十美元；產品售出後才發現並加以改正，需花費三百美元。要避免這樣的問題，就應在源頭上控制產品的質量。

為了降低生產過程中的不必要的浪費，追求更高的品質，摩托羅拉公司提出了六個希格瑪（σ）的概念，在短短幾年內，卻讓許多世界級企業爭相投入運作。

「希格瑪」是希臘字母σ的讀音。在管理上，希格瑪（σ）被用來標誌質量所達到的等級水平。

在希臘字母σ之前的數字，表達著重要的意義。如果六等於高質量，那麼小於六的數字表示相對較低的質量。

六個希格瑪是運用統計資料，測算一件產品接近其質量目標的程度。如果一件奇異公司的產品或一套生產工序，達到了六個希格瑪水平，就代表著其質量已經登峰造極。

一個希格瑪=690000失誤／百萬次

二個希格瑪=380000失誤／百萬次

三個希格瑪=66800失誤／百萬次

四個希格瑪=6210失誤／百萬次

五個希格瑪=230失誤／百萬次

六個希格瑪=3.4失誤／百萬次

七個希格瑪=0失誤／百萬次

六個希格瑪意味著每一百萬件產品中，只有三．四件是殘次品，它是作爲高質量的水準點而出現的——每百萬次品少於三．五件。

實際上，六個希格瑪是用一種數學方法，計算每生產一百萬件產品有幾件殘次品，六個希格瑪是最完美的狀態——或者說是可能達到的最完美的狀態。總的來說，實施六希格瑪後可獲得的效益有：增加盈利；根據客戶定義的關鍵質量環節監控運作；提高經濟效益；增強競爭地位；減少浪費；消除重複勞動成本。

一九九六年初，奇異總裁威爾許著手制訂了六希格瑪方案實施時間表，提出奇異公司將在四年內，成爲一家六希格瑪公司。當時奇異的質量水平相當於三．五希格瑪，大約是美國企業的平均質量水平。這一水平是每十一萬二千一百次操作中，有近三萬五千次的失誤。奇異公司要達到六希格瑪的水平，必須將失誤降低一萬倍。要想在二〇〇〇年達到目標，意味著每年平均降低34%的失誤率。這是相當困難的，因爲摩托羅拉公司用了整整十年，才達到五．五希格瑪。

爲了促進六希格瑪的概念在整個公司貫徹，威爾許不斷地演講宣傳這個計畫，並且於一九九六年春季，發放了一本題爲《目標過程》的小冊子。這本小冊子只有六頁紙的篇幅，簡明概述了六希格瑪的內容。奇異公司的員工並不需要記住所有內容，但他們必須掌握其中的主要精神——公司對這次行動將全力以赴，並爲之投入巨大的財力。

另外，威爾許促使人事晉級制度與六希格瑪掛鉤，他希望奇異公司全體員工自願參加六希格瑪的培訓，為了進一步表明他的決心，威爾許將二十位副總裁40％的獎金，與落實質量計畫的成果掛鉤，他多次強調要麼全力以赴，要麼一走了之。

六希格瑪的成果，大大超過了威爾許的預期和設想，奇異公司第一年六希格瑪計畫，投入二億美元的經費，因質量提高而節約的費用達到一．七億美元。一九九八年，奇異公司繼續擴大它的六希格瑪計畫，投資四．五億美元用於員工培訓，結果，通過六希格瑪計畫，節省了七．五億美元，一九九九年節省費用達到十億美元。奇異公司一九九八年的運營毛利率達到了創記錄的16.7％，比一年前整整提高了一個百分點。

追求完美的質量，有效地降低了生產過程中的損失和生產的成本，提高了產品的競爭力。

❷用更有效率的方式生產

「創新」是一條永遠不變的市場競爭法則，降低成本最有效的辦法就是進行生產技術創新。

流水不腐，戶樞不蠹。企業要想在市場競爭中保持長久的競爭優勢，就必須不斷地反省自身，找到可以改進的地方，積極投身到創新的活動中，使自己得到不斷的提高。正如海爾集團總裁張瑞敏提出的「日清日高」的管理理念一樣，企業每一天都在進步，正像斜坡上的球體，你如果不把它用力地往上推，它自然就會滑落下來。

一場技術革新往往會大幅度降低成本，河南安彩集團有限責任公司是生產彩電玻璃螢幕的公司，目前，這項高、精、尖的生產技術，僅爲世界上少數幾個國家所擁有。要生產玻璃螢幕，必須使用玻殼模具。一套小小的模具，進口價高達一百萬美元，而且當市場急需新的模具時，國外同行往往予以嚴密封鎖。因此，如果想掌握玻殼生產的核心技術，就必須掌握模具的研究開發和製造。

安彩集團成功研製出雙壓二十一英寸玻殼，獲得零的突破後，安彩集團先後開發出六大系列、四十二個品種的模具，使模具成本降爲一百萬人民幣。技術創新帶來了生產效益的提高和成本的下降。

人們往往把創新理解得太狹隘，認爲只有那些重大的科學技術發明，或者是重大的觀念革新，才是創新的來源。然而，創新的觀念遠比這要廣泛得多。它可以是新的科學技術或者新的做事方式，也可以是發現新的競爭基礎，或從舊的方法中找出更好的競爭手法。事實上，創新存在於企業的每一個領域、每一項活動之中。例如，在生產過程中，創新可以是找到一種新的產品設計方案，或者新的生產流程；在市場行銷過程中，創新可以是採用一種全新的推廣方案，等等。

這一點在日本的豐田汽車身上，被演繹得出神入化。豐田留給我們的話題實在太多，從二十世紀八〇年代，成功戰勝不可一世的美國三大汽車公司，到至今仍爲人們所稱讚和學習的豐田生產方式。可以說，豐田之所以有今天的輝煌，在很大程度上，是因爲它改變了汽車行業的競爭規則，從而成功控制了局面，並獲得了最終的勝利。

在二十世紀七〇年代以前，日本的汽車製造商根本無法與美國人競爭，包括豐田汽車公司在內。那個時候豐田公司幾十年的產量，還不及福特公司一天的生產量，而且日本企業的製造技術也遠遠落後於美國。正是在如此惡劣的條件下，豐田公司開始了改寫競爭規則的道路。

針對自己的弱點，豐田公司仔細研究了競爭對手福特汽車的大批量生產方式，最後他們得出一個結論：儘管大規模生產方式能夠顯著地降低生產成本，但是仍有進一步改進的空間。

與此同時，豐田考慮使用一種更能適應市場需求的生產方式，以改變大批量生產所帶來的僵化問題。

正是在這樣的判斷之下，豐田公司開始著手設計自己全新的生產方式，也就是現在人們所熟知的「豐田生產方式」。這套生產方式的主要內容是，通過消除生產環節的所有浪費，來縮短產品從生產到顧客手中的時間。豐田公司追求的是生產上的「零儲備、零庫存」，並在需要的時候，按照需要的數量，生產出顧客需要的產品。

豐田公司還首創了JIT生產方式，並將這種方式與銷售網路相互結合，以此來提高生產和銷售環節的運作效率，降低庫存成本。在日本，豐田公司的分銷商遍佈全國，爲了實現與分銷商之間更好的資訊共用，豐田公司將自己的資訊系統與這些分銷商相結合。這樣，銷售人員就可以將顧客的需求資訊，直接回饋到豐田公司的生產線，生產線然後再按照顧客的需求安排生產。這一個過程大大簡化了豐田公司的訂貨手續，使得生產節奏與顧客的需求步調一致，既減少了交貨時間，降低了經銷商的庫存，同時也保證了顧客能夠及時地獲得自己想要的產品，提高了顧客的滿意度。這一方式收到了良好的效果。

豐田公司創建的豐田生產方式，以消滅生產過程中的浪費為主要思想，力求提高所有環節的運作效率，不做無用功。它的誕生，極大地促進了豐田公司的發展，在很大程度上，改變了世界汽車製造行業的競爭規則，使得美國三大汽車公司感到了前所未有的競爭壓力。豐田在這場競爭中，成功地控制了競爭格局，最終贏得了比賽。

企業管理者們要讓自己的思維更加開闊一些，努力發現那些存在於企業內部的細微的創新機會。一些重大的創新機會，往往都是細小的領先與調查力不斷累積的結果。

另外，我們對創新的理解還有一個誤區，那就是認為既然是創新，就一定是全新的東西，是完全不同於現在的新事物、新發現。其實，創新的點子通常並不「新」。創新可能只是對以往產品、技術的一些細微的改進，這種機會隨處可見，只是，企業不一定都能夠或者有興趣去發現。然而，很多時候，就是這些小的創新，給企業和競爭對手帶來了巨大的影響。例如，在二十世紀七〇年代末，豐田創始人豐田喜一郎敏銳地意識到，石油危機正在深刻地影響著世界汽車的市場需求，於是豐田開發出低消耗、節能型的汽車，以低於美國同等

車型三百~四百美元的成本優勢，迅速佔領美國市場。

可見，創新也可以是一個受到重視的市場機會，或者是細分市場上的某一特定需求。在這種創新情況下，如果競爭對手反應太慢，那麼企業就可以獲得競爭優勢。

3 價值鏈重組

價值鏈的各種聯繫，成爲降低單個價值活動的成本及最終成本的重要因素。價值鏈的各環節之間相互關聯、相互影響。一個環節經營管理的好壞，可以影響到其他環節的成本和效益。比方說，如果多花一點成本採購高質量的原材料，生產過程中就可以減少工序，少出次品，縮短加工時間。雖然價值鏈的每一環節都與其他環節相關，但是一個環節能在多大程度上影響其他環節的價值活動，則與其在價值鏈條上的位置有很大的關係。

在企業裏，我們通常習慣按照職能來劃分各種活動，例如，設計活動、生產活動、財務活動等。從性質上分析，企業的活動主要分爲兩大類：基本活動和輔助活動。基本活動是直接爲顧客創造價值的活動，例如，產品設計、零件加工、銷售等；輔助活動則爲基本活動提供支持，例如，研發、採購、人事等。企業的價值創造正是通過這一系列的活動來實現的。這些互不相同但又相互關聯的生產經營管理活動，就構成了一個創造價值的動態過程，即「價值鏈」。

企業的競爭優勢來源於企業的每一項活動。沒有一家企業是憑藉一兩項核心能力，就能獲得長久持續的競爭優勢的。從採購到銷售，從行政到人事，從生產到研發，企業的每一項活動都在創造著價值。這些活動之間並不是獨立的，它們相互關聯，例如，企業的生產部門需要根據市場部門回饋回來的銷售資訊，安排生產計畫，而生產部門的生產計畫，又決定了採購部門和物流部門給供應商提供的訂貨量、供貨週期和質量要求等。

每項活動對企業創造價值的貢獻大小不同，對企業降低成本的貢獻也不同，每一個價值活動的成本，是由各種不同的驅動因素決定的。例如，服裝設計是服務行業價值生成的關鍵階段，對產品總價值貢獻最大；其次，精良的做工也是名牌服裝具有獨特魅力的根本原因之一，成為其價值的一大來源。

通過對各價值生產階段的評估和成本分配，可以瞭解各階段對價值生成所做的貢獻大小，和所耗用的成本大小及其增減趨勢，同時比較競爭對手的價值和成本分佈，找出差異，從而做出正確的決策。

日本資生堂一直希望通過本部的分銷渠道，將產品（化妝品）打入中國，但進展甚微，後來在上海浦東作合資，直接在中國產銷，這一重組價值鏈舉措，大幅降低了關稅、運費和人力資源的費用，從而降低了生產的整體成本。

一些管理者們在分析企業的成本時，往往只是把結論簡單地歸結在一兩個點上，而沒有充分地考慮到整條價值鏈上的每一項活動。這就是所謂的「只見樹木、不見森林」。

一個企業的銷售、生產、控制、財務和其他許多活動，對於其競爭優勢都有很大的影響。如果不把所有這些價值活動結合起來，對整個企業進行整體性的思考，就無法眞正理解競爭優勢。

我們已經熟知很多降低成本的途徑，例如，擴大生產規模，降低固定成本的分攤；積累生產經驗，以更有效的方式來進行生產；壓低產品採購價格，降低成品的直接成本，等等。然而，這些改進措施都只是局部意義上的改造，價值鏈重組則不一樣，它是以一種全局的觀念，來重新審視整個價值鏈上的每一項活動，對一些不合理的環節，或者是投入與產出不平衡，甚至是可有可無、用處不大的環節，進行徹底的改造，從而能非常顯著地改善企業的成本結構，有效地降低成本，使企業獲得成本優勢。

例如，對於航空公司來說，主幹線航空公司的價值鏈，可能是在售票櫃檯、登機口以及飛機上提供全部的服務，在飛機的選擇上，會購買新型、舒適、性能優越的新品種機型，提供免費的行李托運，在市區內設立售票代理處等。而對於講求經濟實惠的航空公司來說，在售票櫃檯和登機口業務上，可能僅提供一等機場和候機室，飛機可能是老式的，座位密度大，實行收費托運行李、機上售票等，通過構造一個新的、低成本的價值鏈，使得經濟實惠

的航空公司，在某些航線上所建立的成本，比主幹線航空公司低達50%。

美國西南航空公司就是這樣的一家通過重組價值鏈，而在與競爭對手的競爭中脫穎而出的。二十世紀八〇年代以來，美國航空業一直蕭條，進入二十世紀九〇年代以後，赤字總額累計達八十億美元，僅一九九二年，虧損額就高達二十億美元。然而就在這一片蕭條之氣中，一家名叫西南航空公司的小企業卻獨放異彩，在美國航空史上取得輝煌的成績。

西南航空公司自從一九七三年以來，連續二十八年有盈餘，其中九年利潤有增長，其獲利率平均每年達到5%，是業界最高的；一九九二年，它的營業收入增長率爲25%。二〇〇〇年的總營運收入達到五十六億美元，純利潤大約爲六．三億美元。

西南航空公司在每一條短程航線上，通常佔有六成以上的市場，在一九九四年，它成爲第一家實行無票登機的航空公司，是第一家把公司的主頁掛上網路的航空公司。

西南航空公司目前擁有超過三百架波音 737 客機，每天出發超過二千七百班機。航線覆蓋美國五十八個城市，每年爲六千四百萬乘客提供服務。

西南航空的短程運輸已經近乎完美：效率高、班次多、航班多。這些都來自其卓有成效的運作管理。

由於西南航空只使用波音 737 機種，這種策略使它獲得許多好處。因爲公司的駕駛員、空服人員、維護工程人員都可以集中精力，去研究熟悉同一種機型。駕駛員和空服人員都能用公司所有的飛機。所有的維護工程人員都能修公司任何的飛機。為調動飛機和更換組員時帶來許多方便。作為使用同一機種的忠誠顧客，在向波音公司購買飛機時，可獲得更多折扣。

西南航空的員工，每人平均每年服務二千四百名旅客，是美國航空界最有生產力的團隊。專家指出，西南航空每名員工平均服務旅客的數量，是任何其他航空公司的二倍。西南航空的員工流動率，平均每年低於5％，相對於美國其他同行來說，這數字是最低的。

由於工作人員的配合和努力，西南航空的飛機從降落到起飛，平均需要十五至二十分鐘。整個過程包括上下乘客、貨物、補充燃料和食物、安全檢查等等，其他航空公司大約需要二到三倍的時間，來完成同樣的工作。這個記錄令西南航空一直引以為榮，從中可看出西南航空員工的工作效率。

西南航空認為，「簡單」可以降低成本並且加快運作速度。例如，簡化登機程式，令西南航空減少了地勤服務和機務人員。在西南航空，每架飛機僅僅需要九十名員工就可以開航。這比其他航空公司幾乎少用一倍的員工。取消了不具彈性的工作規則，令雇員可以為了按時完工、按時交接而負起責任，不需要理會「規則」範圍內自身該作的事情，在有需要的情況下，大家可以互相幫忙。

從開業的第一天起，西南航空就認爲低價和優質的服務會開拓更多的市場，並以此向大公司的高價策略提出挑戰。西南航空把機票分爲旺季和淡季兩種，採取降低淡季的票價來增加班機搭載率，令收入比高票價、低搭載率時還高。西南航空把自己定位爲票價最低的航空公司。

它所有的票價都是底價。公司的策略是在任何的市場環境下，都要保持最低的票價。按照傳統的經商原則，當飛機每班都客滿時，票價就要上漲。但是西南航空在載客增加時不提價，而是增開班機擴大市場。有時候，西南航空的票價比乘坐陸地的運輸工具還要便宜。正如它的管理層的理論：我們不是和其他航空公司打價格戰，我們是和地面的運輸業競爭。因爲它不設頭等艙，機艙座位按照先到先就座的原則，先到的旅客可以有更多的座位選擇，機艙內不供給正餐，只提供花生、小甜餅或普通飲料，所以成本不高。西南航空注重降低成本而增加利潤，並不注重去搶奪市場份額。不會爲增加市場佔有率而任成本不成比例地增加。同時，西南航空還擁有保守的資產負債表，它一直保持比其他競爭者低的負債率。這樣使它有足夠的營運資金，去把握一些重要的商機，並且減少財務壓力。由於西南航空不買大型客機，不飛國際航線，不和大航空公司硬碰硬，它可以把成本維持在低水平。上述的做法，讓西南航空有能力在它所有的航線上提供最低的票價。

西南航空主要以飛短程航線爲主。因爲乘客通常在一小時航程內的城市間飛行，每天需要有許多班機起降供他們選擇。西南航空以密集的班次著稱，它會在一些熱門航線上，比其他的競爭者開出二倍或者更多的航班。西南航空認爲，飛機只有在空中才能賺錢，一天能飛更多的班機，就能賺更多的錢，而且能降低更多單位成本。

建立營運中心系統反而會增加成本，因爲飛機在地面耗費太多的時間。根據二〇〇〇年的統計資料顯示，西南航空的飛機平均每天有八次飛行，飛機的使用時間是十一小時。西南航空現有三百五十八架飛機，以非常複雜但安排緊湊的時間表，在全美飛來飛去，飛機利用率在全行業中是數一數二的。

西南航空擁有最佳的飛行安全記錄。每天飛行這麼多班次和運載數以千計的乘客，沒有發生過重大的事故，它的安全記錄足以給乘客們充足的安全感。這個記錄有賴於它嚴格的安全檢測和維護，使它的飛行安全標準超過聯邦航管局的標準。西南航空擁有最年輕的飛機隊，平均機齡只有八年。它擁有最高的完航指數，即西南航空在定期航班次中取消的班次最少。

通過對價值鏈上的每一個能產生價值的活動成本的降低，西南航空公司創造了奇蹟。價

值鏈上多樣化的價值活動，給企業帶來降低生產成本的可能和機會，重組價值鏈可以帶來兩方面的成本優勢。首先，與那些零零散散的改善相比較，再造價值鏈不是局部的小改動，而是從根本上改變了企業的成本結構，使企業的相對成本地位得到顯著的改善；其次，企業可能剛開始並不清楚影響成本的關鍵因素，可是在經歷了一段曲折後，企業可以重新確認影響成本的重大因素，從而改變其競爭基礎。

企業與企業的競爭，不只是某個環節的競爭，而是整個價值鏈的競爭，整個價值鏈的綜合競爭。只有在價值鏈的每一個環節都做到成本最低，才能在與競爭對手的競爭中，以最低的成本獲得高於對手的利潤。

現在，越來越多的跨國公司，與銀行、保險、信託、證券等金融機構建立聯盟關係，或者自己就擁有金融機構，通過這種方式，跨國公司將原材料供應、銷售管道、資本運營等價值行爲，縱向整合成一條完整的產業鏈條，使其處於集團內部控制之下，從而方便了集團運作，降低了交易成本。

④ 降低成本是一項全方位的工作

企業的成本不光受到與生產直接相關的活動影響，還會受到很多其他因素的影響，例如，企業內部業務部門之間的聯繫、與原料供應商和銷售商的業務往來、政府政策和法規，等等。這些因素看上去很難評估，但是有時候對企業成本會產生很大的影響，而且，各因素之間不是獨立的，它們會相互作用。

很多企業的管理者對降低成本存在著誤解，他們認爲，降低成本無非就是降低財務費用、人工成本、生產成本等狹小的範圍，殊不知降低成本是一項全方位的工作。這一點從「零售業老大」沃爾瑪不斷發展壯大上就可以看出。

在規模上，沃爾瑪位居全球五百強之首，實現了規模經濟；在學習上，沃爾瑪通過學習，降低了零售商店和其他設施的成本；在聯繫上，沃爾瑪利用協調內部後勤和營業、廣告與其他推銷手段之間的聯繫等，實現降低成本；在價值鏈內部聯繫上，沃爾瑪各個分店實現了經驗和專門知識的共用以降低成本。在縱向聯繫上，沃爾瑪有自己的衛星通訊系統，保證了與自己的供應商之間的物流配送的聯繫，從而降低了成本；從地理環境上看，沃爾瑪正是

認眞把握地理位置這一關鍵點，在全美以及全世界設立分店，在各分店與供應商相對最短距離點上，設立配送中心，從而降低成本，沃爾瑪在全美有三十家爲美國本土商店服務的配送中心，都設立在離沃爾瑪商場不到一天路程的地點。商品從工廠直接送到發貨中心，再由其專有的貨櫃運輸隊，運往各地的沃爾瑪分店，從任何一個中心出發，汽車只需一天就能抵達它所服務的商店。在沃爾瑪的商店裏，存儲了超過八萬種商品，其庫房可以在非常短的時間內，補充商店85%的存貨。從商店用電腦發出訂單到商品補充完畢，過程平均只需二天；從機構因素來看，對於沃爾瑪全世界分銷店來講，本土化是避免關稅的重要手段。

全方面降低成本的關鍵手段是「整合」和「關聯」，因爲一旦整合和關聯帶來協同和互補效應，實現生產要素的優化配置和合理組合，就會給企業帶來極大的成本節約。

整合。例如，**BP**石油兼併了在業務上有互補性和協同效應的阿莫科，節約了大量的成本；埃克森公司和美孚公司的合併，減少了操作成本。類似的例子還有，瑞士汽巴精化和科萊恩（**Clariant**）合併成立世界最大的專用化學品公司，削減原料成本，節約人工成本等。比如跨國傳媒集團一般都擁有自己的造紙廠、油墨廠，甚至印刷設備生產廠，或對相關廠家進行控股；創辦自己的報刊發行公司、影視音像連鎖店以及電影院等；同時，自己牢牢掌握著廣告公司，以完成資訊產品的二次售賣。

關聯。例如，沃爾瑪的業務戰略決策，要求與供應商建立夥伴關係，這一點在與寶潔公司的關係上尤爲突出，雖然早期實力強大的寶潔（P&G）公司很強硬，但當沃爾瑪強大之後，並沒有反過來對寶潔強硬，而是與寶潔結成夥伴關係，它告訴寶潔，我們可以共用沃爾瑪的電子資訊，來改善雙方的業績，可以通過衛星傳遞產品的銷售狀況，寶潔公司按此制定了生產計畫。沃爾瑪還把訂貨控制權和存貨管理權交給寶潔，寶潔幫助沃爾瑪銷售，主動降低商品價格，打通上下游關係，實現雙贏。

可以這樣說，國外跨國企業集團降低成本的措施是全方位的、多角度的，並且是一個長期的、永無止境的、不懈的追求過程。

戴爾公司往往被比作是電腦界的沃爾瑪公司和麥當勞公司。在採購和庫存管理方面，戴爾公司酷似沃爾瑪公司，強調低庫存和低價格。而在生產流程方面，則更像麥當勞公司，採用「訂單生產」和順暢的流水線。而這三家企業巨頭的共同點，就是它們都是本行業的龍頭老大，其取勝秘訣都是：低成本、高效率和低價格。

低成本一直是戴爾公司的生存法則，也是「戴爾模式」的核心，但是戴爾的低成本和沃爾瑪一樣，是一項全方位的工作，戴爾公司的一切，都圍繞力求降低產品成本這個最高宗旨來運轉。

其中最廣爲人知的，是戴爾公司的生產和銷售流程，這個獨一無二的流程，以其精確管理、流水般順暢和超高效率，大幅降低了成本，也創造了產品低價。戴爾實現的零庫存政策中，產品庫存時間是不超過二小時，相對來說，其他公司的平均庫存時間在八十天左右。

戴爾公司實際是一個大型裝配公司，自己不具體生產產品，所有配件都從其他生產商那裏採購，因此，公司把精力集中在簡化生產線流程、提高生產效率和降低成本方面。戴爾公司專攻簡化流程的方法，並擁有五百五十個運營專利，正是依靠這些專利，其生產和銷售流程才確保了高速和高效運轉。這些專利也正是其他公司無法眞正學到「戴爾模式」眞諦的最主要原因。

力求精簡是戴爾公司提高工作效率的主要做法。戴爾公司將電話銷售流程分解成簡單的八個步驟。在生產流程中，工人根據網路和電話訂單，按單組裝產品，一條自動生產線每小時可以組裝六百台電腦。配件從生產線的一端送進來，成品一組裝完畢後，立即交由等待在生產線另一邊的運輸卡車裝箱，運往客戶配送中心，然後由郵遞公司送達客戶手中。戴爾的銷售人員和組裝工人，每人都像螺釘一樣被緊扣在固定位置上，專注工作，很少受干擾。據稱，戴爾員工的生產效率，是其他公司員工的四倍。

爲了提高利潤，戴爾還精於計算，將量化管理滲透到公司的所有業務流程中。戴爾每種新產品在推出的各個環節上，都需要嚴格計算成本，這就將成本始終控制在最低程度上。戴爾公司首席技術官蘭迪．格羅夫斯表示，戴爾公司通過零庫存和直銷，平均比對手降低了10%的成本。也就是說，如果對方一台電腦售價是五百美元，那麼戴爾同類電腦的價格就只要四百五十美元。在利潤差額不高的電腦銷售市場上，戴爾公司的價格優勢可見一斑。

同樣，在日本豐田公司，我們也可以看到這一點。豐田公司之所以獲得今日的顯赫地位，與它對降低成本的長時期、全方位的努力是分不開的。

豐田公司在追求成本領先過程中，採取了全方位的措施。它們對汽車的整個生產流程，進行了全面的改善，尤其對那些重複性的大規模製造流程。在改善的基礎上，公司建立起了新的流程，新流程的首要目標就是削減成本。

在此過程中，豐田公司首先提出了「看板系統」的概念，具體的做法是在公司的廠房，擺放一套彩色的看板，用於顯示生產過程中的現有庫存量。這一系統看似簡單，卻非常有效地降低了公司的庫存水平，它使得豐田生產工廠裏的流水線節拍，變得非常的和諧，極大地提高了生產效率。

豐田公司還和供應商簽訂了關係更加密切的採購合同，直接從供應商那裏獲得存貨。它們通過電腦系統，與供應商直接進行聯繫，當工廠的庫存下降到安全值以下時，它們就能夠

從供應商那裏獲得迅速的補給。這樣的補給每天可以進行一次，甚至必要的時候，一天可以進行好幾次。對於豐田公司來說，這樣的舉措，使得公司的庫存水平，始終保持在一個較低的水平上，極大地降低了庫存成本。

豐田公司本著「降低成本」這一至高無上的原則，通過長期不懈的努力，提高自己的生產效率，並建立了完善的精益生產體系。鑒於豐田公司在生產上所做的貢獻，人們把這種生產方式稱之爲「豐田生產方式」，這一方式在二十世紀八〇年代，徹底打破了美國三大汽車巨頭的壟斷神話。

豐田公司還在設計環節降低成本，它們在設計新產品的時候，都會把生產、銷售和零件採購要求考慮進去。這樣做有很多好處，它使得各個部門在產品問世前，就經過了充分的協調，針對各部門的不同意見，設計部門通過電腦來進行改進，從而避免了很多不必要的浪費。

在採購環節上，豐田和供應商會坐到一起，大家共同商量降低成本的措施。它們會找出占採購成本90%的零件，然後按照不同零件組成工作小組，要求它們和供應商協商降低成本的辦法。豐田經常通過這種做法來降低成本，同時還要保證供應商有利可圖。

事實上，豐田公司在降低成本上的努力，並不僅僅局限於對生產領域的效率改進，豐田公司從不放過一些細小環節上的成本節省，從一點一滴做起。在豐田公司，辦公用紙用完了正面還要用背面，午間休息的時候必須關燈，取消了傳眞，改發電子郵件。在豐田公司，每一名員工都是監督浪費和消除浪費的專家，公司還對員工進行宣傳和培訓，將一些好的節約方式，推廣到分銷、物流等業務中去。有人甚至這樣評價道，豐田公司的利潤，大部分並不是生產過程中產生的，而是在每一個細小環節中不斷摳出來的。

正是憑藉著幾近「摳門」的做法，豐田公司在內部各個環節，進行著全方位的成本節約努力，這也使得豐田公司一次次地創下了盈利新紀錄，並且在日本經濟長期低迷和蕭條的情況下，仍然保持了長久的競爭優勢。

企業降低成本是一項全方位的工作，企業在降低成本時，不能將眼光放在產生大的降低或者有直接效果的方面上，而忽視那些不具有直接效果或者占成本很小的部分，一定要認識到影響成本的所有活動之間的聯繫，綜合考慮，大處著眼，小處著手，全方位降低企業的成本。

5 借用外部的力量

國外企業發展的經驗證明，借用外部的力量，是一條有效的快速發展之路，它能夠有效地節省企業的發展時間和資金，企業既可以「買雞下蛋」或「借雞下蛋」，也可以「租雞下蛋」，快速地壯大，提高自己的實力，企業要擅於跟別人合作，不要抱住自己的不放，這是一個「快魚吃慢魚」的時代，企業只有儘快地發展自己，才能免於被淘汰。

一個人本事再大，也不能完成所有的工作，縱然「渾身是鐵，又能打幾個釘」呢？富於挑戰、思維活躍、觀念超前的人，當然明白這個道理，於是他們擴充自己的大腦，延伸自己的手腳，借外力助自己成功。對企業來說也是如此，縱觀世界上著名的大企業、大公司，幾乎沒有一個不是通過借用其他公司的力量發展起來的，要麼通過合資，要麼通過收購，沒有哪一家是單純依靠企業自身的利潤積累起來的。擅借外力成爲贏家的故事有很多，著名的耐吉公司，就是因爲擅借外力而迅速發展成爲跨國企業的。

談到耐吉，人們並不陌生。在名牌林立的今日中國，耐吉鞋可謂早已家喻戶曉，尤其是年輕人，更以擁有耐吉爲時髦。耐吉鞋在中國的影響是巨大的，但人們很少瞭解，耐吉公司在美國是一家沒有工人、沒有廠房的公司。在美國的耐吉公司總部，沒有工人生產鞋，也沒有任何工廠爲耐吉公司生產。人們也許會覺得奇怪，既然耐吉公司不生產鞋，那耐吉鞋是從什麼地方冒出來的呢?這就是耐吉公司最有名的「借雞生蛋」法。

國際市場是一個競爭激烈的市場，在這樣一個競爭白熱化的市場上，稍有不慎就會敗下陣來。因而，眾多的國家——包括已開發國家在內，爲了保護弱小產業，使它免於被外來商品擠垮，都採取了高關稅的貿易壁壘，從而拒洋貨於國門之外。耐吉鞋本來是一種比較高級的消費品，價格自然不菲，如果再出口到別國，價格就會更高一籌，對那些廣大的未開發國家來說，它只能是一種可望而不可即的商品。由於價格高高在上，許多仰慕耐吉的青年人也只能望「鞋」興歎，耐吉也會因此失去大部分的國際市場。

一九八一年，耐吉邁出了國外聯營的第一步。與日商岩井公司聯營，成立了耐吉日本公司。菲爾．耐吉親自到日本參加了開業典禮，並在會上發表了熱情洋溢的講話。耐吉日本公司成立後，耐吉公司控制了這家公司50%的股權，並把日本橡膠公司原有的耐吉公司產品配銷權，轉移到新公司門下，同時，又和日本橡膠公司聯合，日本橡膠公司用本公司的人力，進行耐吉鞋的生產，產品交給日本耐吉公司。這樣，耐吉公司很快就打入了日本市場。

用「借雞生蛋」的辦法來避免重關稅，打開貿易壁壘是十分有效的，耐吉公司用這種方法，輕鬆打開了一向緊閉的日本市場大門。由於沒有關稅，而且工人勞動力比美國低廉，耐吉鞋的成本大大減少，因而在出售價格上，人們都能接受。而耐吉產品少有的新穎性和優秀質量，更引起國內諸多消費者的注意，喜好運動的人都狂熱地追求耐吉產品，耐吉的產品銷量由此一再翻番，利潤也隨之大幅度增長。

然而，日本的勞動力雖比美國低，但依然比較高。耐吉在日本成功後，更堅定了向世界各地推行的決心。它們把目光盯向了廣大的發展中國家。

中國是一個擁有十幾億人口的大國，也是一個非常巨大的消費品市場，隨著人們生活水平的提高，人們開始熱愛體育運動，耐吉看中了中國這個潛力巨大的市場，也看中了中國廉價的勞動力與原材料。早在一九七九年，它們就有意投資中國，但由於眾所周知的原因，它們不得不放棄了中國內地的投資計畫，轉而把資金投向了臺灣地區。成功之後，又向韓國進軍。

直到一九八〇年，耐吉公司再次有意向中國投資。這時，許多外國公司都有意向中國投資，但都在持觀望態度。耐吉公司卻用它特有的預見性眼光，審視著中國的變化，經過觀察和思考，它們做出了投資中國的決定。耐吉公司成為最早在中國投資的美商之一。

此後經過艱難談判，終於與中國簽訂了有關合同，分別在天津、上海、廣東和福建建立了鞋廠，產品回銷美國。之後，耐吉鞋成爲中國的高檔名牌產品，其銷量不斷上升。

耐吉公司的策略是成功的。由於耐吉公司在生產上採用了這一方法，從而使本公司人員相當精幹而又具有活力，這樣就避免了很多生產上的問題，因而使得公司更有精力關注市場方面的問題，也就有了比其他公司更爲有利的條件。耐吉公司的高級職員似乎都很悠閒，他們不必擔心工人鬧事與生產上的各種繁瑣問題。公司雖沒有直屬的工人與廠房，但爲其製造產品的外國工人和廠房卻遍及全球。

耐吉公司的高級職員，只需坐著飛機往來於世界各地，只需帶著早已準備好的樣品和圖紙，及與公司簽訂好合同的廠家驗收產品即可。

耐吉公司的成功，使眾多強勁的競爭對手也不得不承認：「他們的每一件事都作得很漂亮。」

擅借外力，使耐吉公司成爲當今世界體育用品市場的一個大贏家。

通過「借雞下蛋」，耐吉迅速成爲世界著名的體育用品生產廠家，節省了大量的時間和金錢，加快了自身發展的步伐。

同樣，花旗銀行也是通過不斷地收購其他的公司而迅速壯大的。二○○一年九月，美國

花旗集團宣佈它將收購協富第一資本公司（AFS）。通過這次收購，花旗集團的經營資產逼近萬億美元。

目前，花旗集團是世界上最大的金融集團，該集團採取混業經營模式，經營銀行、保險、證券經紀等多個行業，爲企業及個人提供各種形式的金融服務，在全球一百多個國家及地區，擁有分支機構或代表處，管理資產達七千九百一十億美元。

協富第一資本公司原屬福特汽車公司，它是一家財務公司，其業務主要是爲消費者購買福特汽車提供貸款。一九九八年，AFS從福特汽車公司全部分離出去，成爲全美最大的上市財務公司，業務擴展到多種形式的消費信貸、保險及租賃等領域，它們最大的優勢，主要體現在消費信貸及海外業務等方面，在美國等十三個國家和地區，擁有二千七百五十個分支機構，管理資產達一千億美元。

花旗收購AFS，主要是基於以下幾個原因：AFS是一家成長迅速的公司，近十年來，AFS的稅前收入年增長率爲23％。二〇〇一年第二季度在沖銷壞賬的情況下，收益還有14％的增長，每股收益爲〇．五六美元。此外，AFS的收益較花旗集團的證券、債券業務的收益更爲穩定，加盟後可爲新的花旗集團帶來穩定的收益。

花旗集團收購AFS，也是因爲AFS的海外業務，AFS的海外業務占其總收入的25％，特別是在日本金融市場上擁有大量客戶，是日本第五大財務公司。在歐洲，AFS也有七十萬個客戶。美國升息後，由於國內利差縮小，花旗集團將目光轉向亞洲和歐洲市場。此次收購完成後，花旗的海外份額將大幅提高，花旗集團董事會主席兼首席執行長山迪·威爾稱：此次收購完成後，受益於AFS強大的海外消費信貸業務，花旗集團該類業務增長的幅度，將達到40%。

收購同時，還可以增強花旗集團的消費信貸業務，特別是信用卡業務。花旗集團現爲世界上最大的發卡行，發行總額爲七百五十億美元。收購AFS後，將帶來二千萬個新客戶，或者說一百三十億美元的業務量。

此外，AFS也是石油消費卡的主要提供商，購入AFS後，花旗集團將順利進入石油消費卡的發行業務。

合併還將節約經營成本。花旗集團此次動用三百一十一億美元的股票，與AFS的股東進行換股，以宣佈收購的前一天花旗的每股股價五十七·九四美元計算，花旗收購AFS的收購價爲每股四十二·四九美元。而同一天AFS收盤價爲每股二十七·五美元，即是說花旗溢價53%收購AFS。收購費用支出預計爲六至七億美元。但收購完成後，二〇〇一年合併後的公司，能節省四億美元的費用，二〇〇二年將節省三億美元的費用。這樣算來，此次的

收購費用將在兩年內沖抵掉，依此類推，成本節約不言而喻。

把那些有發展前景的、有利於自身擴展的企業收入囊中，企業就能獲得一個較好的發展機會，而且發展速度也會更上一層樓。只是單純的依靠自身的利潤發展，也許可以達到做大做強的目的，但其發展無疑是緩慢的，這在企業快速發展的今天是不足取的。因爲「慢魚」雖然也在長大，但它在長大的同時，卻很有可能被比它快的「快魚」吃掉了。

帕瑪拉特就是這樣的一個例子，當初帕瑪拉特進入中國，採取的是直接投資的方式，一九九六年投資九百六十萬美元，設立帕瑪拉特肇東乳業公司，二〇〇一年投資八百五十萬美元，設立南京帕瑪拉特公司和天津帕瑪拉特公司都是如此。這種直接投資的方式，在帕瑪拉特毫無市場基礎的情況下，不僅增加了資金佔用和管理難度，而且使得產能過低，這一直成爲公司揮之不去的陰影。

帕瑪拉特肇東乳業公司的七條生產線，產能達到每年四萬噸，從一九九六年開始，產能利用率就低得不堪回首，甚至低到「生產越多，虧得越厲害」的程度，只好在二〇〇一年租給「伊利」。南京帕瑪拉特更加慘不忍睹，年產六萬噸的工廠，開工率還不到20%。天津帕瑪拉特公司的情況也好不到哪裡去，在長時間虧損之後，只好乾脆放棄液態奶，轉產「具有純正歐洲口味」的「冰風茶」和「西西里風朗紅橙」。

實際上，帕瑪拉特如果採取併購的方式進入中國，將更有可能獲得成功。當時中國乳業的產業集中度相當低，全國一共有一千五百家乳製品企業，其中至少有一千四百家是中小企業，在掙扎於生死線之際，如果採取收購的方式，不僅可以降低投資風險（也許整個投資能下降一半），也可以利用被收購方的市場基礎（如跨國公司一直企盼但無力觸及的「上門送奶」網路），更能達到整合中國乳業的目的。同時與併購相比，自己投資將顯著地增加行業的供應水平，加劇原本就很嚴重的供求失衡狀況，而收購則無此弊。收購還能夠縮短切入市場的時間，因爲直接投資而使準備週期過長、運作時間太晚，是帕瑪拉特失敗的原因之一。

國外企業發展的經驗證明，借用外部的力量是一條有效的快速發展之路，它能夠有效地節省企業的發展時間和資金，企業既可以「買雞下蛋」或「借雞下蛋」，也可以「租雞下蛋」，快速地壯大，提高自己的實力。企業要擅於跟別人合作，不要抱住自己的不放，這是一個「快魚吃慢魚」的時代，企業只有儘快地發展自己，才能免於被淘汰。

6 降低產品的直接成本

提高採購系統效率，不僅是為了降低成本，更是國際化環境中生存所必需的。採購不再僅僅是一個輔助的職能部門，它已經上升為一個管理職能。採購幾乎在每個企業都具有非常重要的戰略意義，因為，從原件加工中使用的原材料，到專業服務、辦公場所和資本物品，企業的每一項價值活動，都存在某種形式的外購投入。在採購量龐大的製造業，甚至有人認為，「採購是製造業的利潤源泉之一」。

傑克．威爾許說：「採購和銷售是公司惟一能『賺錢』的部門，其他任何部門發生的都是管理費用！」事實證明，採購是企業成本控制的首要環節，採購環節節約1％，企業利潤將增加5％至10％。

隨著網路的發展，其以豐富的資訊含量、快捷的資訊反應，為採購管理提供了新的途徑。首先，利用網路可以將採購資訊進行整合和處理，統一從供應商訂貨，以求獲得最大批量折扣。其次，利用網路將生產資訊、庫存資訊和採購系統連接在一起，可以實現即時訂購，最大限度降低庫存，實現「零庫存」管理。這樣的好處是，一方面減少資金佔用和倉儲成本，另一方面可以避免價格波動對產品的影響。

美國的戴爾公司，通過其靈活的網上採購系統，將其零件庫存時間壓縮到一周以內，而其他電腦公司則多達一個月、甚至三個月，這對一天一價而且不斷下降的電腦硬體產品來說，積壓庫存就意味著你的產品的零件價格，總是比現在價格高，這也是戴爾公司爲什麼能以比同行低15%的價格，進行優惠銷售的重要原因所在。第三，通過網路實現庫存、訂購管理的自動化和科學化，最大限度地減少了人爲因素的干預，實現較高效率的採購，而且可以節省大量人力、降低成本。

實施電子採購系統，是郭士納拯救陷入困境的 IBM 的重要舉措。對於出現巨額虧損的 IBM 來說，在尋求新的發展方向之前，降低成本是當務之急。在清算各種運營成本的過程中，採購成本成爲公司的主要檢討目標，因爲它已大大影響了 IBM 在快速變革的同行中的競爭地位。

像所有的傳統採購方式一樣，當時 IBM 的採購可說是各自爲政，重複採購現象非常嚴重，採購流程各不相同，合同形式也是五花八門。這種採購方式不僅效率低下，而且無法獲得大批量採購的價格優勢。

IBM 採購戰略和流程改革副總裁說：「這是一個價值取向的戰略，我們承擔不起通過紙面做生意的成本。在一九九八年決定通過電子化方式來做生意時，供應商就必須選擇要麼按照我們這種方式，要麼去找其他的用戶。」

成本其實只是問題的一個方面，眞正的問題是，IBM 必須利用資訊技術的解決方案，來提高自身的反應速度，加強其綜合競爭能力。

郭士納表示：「一開始，我們就把電子商務定位得很清楚，就是利用網路來提高企業的競爭能力。企業資源規劃、客戶關係管理和供應鏈管理，是電子商務最基本的應用。」

郭士納認爲，電子交易就是「在網上進行買賣交易」，其內涵是：企業以電子技術爲手段，改善經營模式，提高企業運營效率，進而增加企業收入。它將極大地降低企業的經營成本，並能幫助企業與客戶以及合作夥伴，建立更爲密切的合作關係。於是，公司決定通過集成資訊技術和其他流程，以統一的姿態出現在供應商面前。基於這樣一種考慮，IBM 的專用交易平臺誕生了。作爲擁有三萬三千個供應商的專用交易平臺，其業務可以是簡單地開發票或訂單，也可以是複雜的產品推介功能。

通過降低管理成本，縮短訂單週期，更好地進行業務控制，以及實施電子化採購來使其他方面效率的提高，IBM 的競爭優勢得到顯著提高。IBM 全球服務部門的採購副總裁說：「自動化採購帶來的最基本價值在於，我們可以從耗費大量時間的事務性工作中脫身。以前，採購人員每天需要花大約五個小時，在電話中回答別人的問題，他們的訂單在哪裡，爲什麼沒有發貨。而現在採購不再是一個服務性的部門。」

從二十世紀九〇年代中期，IBM開始其無紙化採購的進程。一九九八年，IBM經過詳細的規劃，包括重新定義和設計採購流程，推出了電子採購計畫。至二〇〇一年底，IBM採購量的95％，即四百億美元，是通過電子化方式完成的，節省的成本從二〇〇〇年的三．七七億美元，上升到四．〇五億美元。在二〇〇一年，IBM在全球共有三萬三千個供應商，通過電子採購的方式與IBM達成交易。

企業在進行採購成本的控制時，實際上要處理的就是與供應商的關係。因此，企業就是要理順與供應商的關係。所謂理順與供應商的關係，就是與上游供應商——如原材料、能源、零配件，協作廠家，建立起長期穩定的緊密合作關係，以便獲得廉價、穩定的上游資源，並通過一定措施，影響和控制供應商，對競爭者建立起資源性壁壘。對於採購和供應雙方來講，都要考慮成本和利潤、長期夥伴和短期買賣關係等問題。好的供應商最終會帶來低成本、高質量的產品和服務。

對於沃爾瑪來說，寶潔公司是一個十分優秀的供應商，寶潔公司總能在最恰當的時間，把最恰當的產品，以最恰當的數量供應給沃爾瑪，從而在保證沃爾瑪正常銷售的同時，加強

了沃爾瑪低成本的運營優勢。

然而，寶潔與沃爾瑪這種默契的配合，並非一開始就形成的，而是不斷磨合的結果。一九八七年，沃爾瑪總裁對寶潔的 CEO 說：「我們現在的業務合作太複雜和煩瑣了。我們需要一種更加方便和快捷的合作方式。」電腦網路共用系統，爲沃爾瑪與寶潔建立一種方便快捷的合作方式提供了基礎。資訊的交流和互動，使得寶潔可以及時瞭解，其產品在沃爾瑪所有門店的銷售情況和庫存狀況，然後以此調整生產和供貨計畫。寶潔的配合，大大降低了沃爾瑪的庫存水平，進而也就降低了經營成本。在過去的十幾年中，寶潔和沃爾瑪這兩個行業巨人，所建立起的長期戰略合作夥伴關係，已經成爲製造商和零售商關係的標準。

從沃爾瑪的成功經驗可以看出，企業與供應商關係順暢與否，直接影響著企業產品的質量、成本與市場競爭力。

7 降低固定成本的分攤

規模經濟反映的，是企業生產某種特定產品中的成本與收益關係，即在生產這種特定產品中，隨著資產規模的擴大，單位產品中包含的生產成本、管理成本將逐步降低，從而形成「規模」與「經濟」之間的正效應關係。發展規模經濟，對具體企業而言，在單位可變、成本不變的條件下，可以由更多的產品來分攤固定成本總額，從而降低產品的單位成本，爲廠商創造更多的利潤。

「規模經濟」是指，在其他條件不變（如技術、價格、利率、稅收等）的情況下，隨著投入的增加（即資產規模擴大），產出（即收益）以高於投入的比例增加。規模經濟形成的主要原因在於成本降低，即在經營規模擴大中，採購成本、生產成本、管理成本、財務成本（主要是利息）、銷售成本等並不與經營規模同比例上升，從而產品（或銷售收入）成本降低，利潤增加，並且降低了自身的風險。

一個企業是否進入到一個新的行業，除了考慮自己的條件外，新行業的進入壁壘，及新行業內原有企業可能採取的行動，都是企業要考慮的問題，特別是該企業進入新行業後預期

的投資收益率，更是要考慮的因素。與此對應，一個行業內的原有企業可以採用如下方法，避免其他企業進入。

提高行業的進入壁壘。行業的進入壁壘可能是經濟因素，也可能是政府的政策。例如，目前中國移動通信領域利潤水平很高，也有很多公司有實力進入該領域，但由於政府管制，其他企業不可能進入該行業，因而形成很高的進入壁壘，這一壁壘就是政策，不是完全由於經濟因素。

原有企業聲稱，會對新進入者採取報復性行為。如果一個行業的原有企業產能很大（相對於需求），而且有較大生產能力沒有充分利用，其他企業進入該行業就會很愼重，因爲原有企業很可能首先採取價格戰，從而使新進入者根本不能取得一定的市場份額。

企業主動降低該行業的利潤水平。這往往是企業不得已而爲之的方法。原有企業會主動降低該行業的利潤水平，使該行業的利潤水平低於其他公司要求的回報率，從而使該行業失去對其他公司的吸引力。

規模經濟的存在，迫使行業新加入者必須以大的生產規模進入，並冒著現有企業強烈反擊的風險；或者以小的規模進入，但要長期忍受產品成本高的劣勢，從而在一定程度上降低了自身的競爭風險。

格蘭仕企業（集團）公司地處廣東省順德市桂洲鎮，其前身桂洲羽絨製品廠是一家鄉鎮企業，一九九二年九月，格蘭仕微波爐正式投產，到目前爲止，格蘭仕微波爐全球佔有率達30%。公司已獲ISO9001國際質量體系認證，及美國、南非、歐共體等國家和組織的質量認證。格蘭仕電器已覆蓋了近七十個國家和地區，在全球範圍享有極高的聲譽。

格蘭仕的成功，與其「全球製造中心」的模式是分不開的，這一模式使格蘭仕很容易地實現了規模經濟效益。這一理論被格蘭仕自己叫做「拿來主義」。格蘭仕利用自己的低成本和其他競爭者之間的競爭壓力，迫使外國企業與之達成妥協。例如在微波爐變壓器領域，美、歐擁有先進設備，但在成本方面拼不過效率更高的日本人。於是格蘭仕向前者提議將其生產線搬到中國，然後以每生產一台變壓器返回八美元的方式，償還其設備價值。

在得手後，格蘭仕以如此先進的設備在中國製造，自然對日本企業形成極大的壓力，此時格蘭仕又建議日本人將生產線搬到中國，每生產一件產品返還五美元，並獲得日本人的採納。在設備上沒有一分投資，就獲得了巨大的生產能力。這種「拿來主義」的成本，要比引進成本便宜多了。格蘭仕副總裁俞堯昌說：「牌子是你的，你把生產線搬過來，A品牌搬過來，我就幫你生產A，B品牌搬過來，我就幫你生產B，多餘的就是格蘭仕的。」怎麼能夠多出生產時間呢？拼工時。在法國，一周生產只有二十四小時，而在格蘭仕可以根據需要三班倒，一天可以二十四小時連續生產。

也就是說，同樣一條生產線，在格蘭仕作一天，相當於在法國做一星期。正是靠這種「拿來主義」，格蘭仕在其產業鏈上，已與全球二百多家企業開展合作，成本一降再降。

也是憑藉著這種成本優勢，格蘭仕自一九九六年起，就一次又一次揮舞「價格快刀」。格蘭仕的生產規模每上一個臺階，價格就大幅下調。當規模達到一百二十五萬台時，就把出廠價定在規模為八十萬台的企業成本價以下，當規模達到三百萬台時，出廠價則比二百萬台企業的成本價還低。如今，格蘭仕年產量一千二百萬台，出廠價則在八百萬台的規模成本價上。此時，格蘭仕還有利潤。而規模低於八百萬台的企業，多生產一台就多虧損一台，即使有企業花鉅資獲得規模，但產業的微利和飽和，也使對手沒有多少利潤可圖，憑此，格蘭仕把微波爐產業變成了「雞肋」產業，使不少競爭對手退出，使更多的想加入者望而卻步。

格蘭仕總是領先一步登上更大規模的臺階，每當它在新的臺階上獲得更大的規模經濟後，就及時將價格降到略高於自己的成本，而低於規模不如自己的企業的成本之下。降價壓低了行業的平均利潤，既會「擠走」一些競爭者，也會「恐嚇」潛在進入者，還會「逼著」現有的競爭者讓步，為格蘭仕騰出了新的市場空間。格蘭仕又可以進一步擴大規模，享有更多的規模經濟，如此循環反覆。

格蘭仕以遠高於其銷售規模的速度擴張其產能，造成一種供大於求的形勢。所有這一切均具有強烈的信號性質，其含義爲：如果誰企圖「造反」——無論是已進入者還是潛在的進入者——都將面臨格蘭仕的嚴厲報復。這一承諾是可以置信的，因爲格蘭仕享有「價格屠夫」的聲譽，而且擁有過剩的產能和規模優勢。

當然，格蘭仕的規模經濟不僅是生產的規模經濟，還有銷售的規模經濟和技術開發的規模經濟。微波爐的銷量越大，分攤在每一件產品上的廣告費用、銷售成本和技術開發費用就越少。

格蘭仕運用上述的組合拳，打出了自己在微波爐行業中的壟斷地位，國內市場佔有率從一九九六年的35％，提升到一九九七年的47.6％，二〇〇〇年市場佔有率已經達到76％；與此同時，產銷量從一九九六年的六十五萬台，達到一九九八年的四百五十萬台。格蘭仕通過有效防範國內企業（主要通過規模經濟）和國外企業（主要通過降低行業投資報酬率），確立了自己在微波爐領域的主導地位，保證了自己經營的安全。

發展規模經濟，對具體企業而言，在單位可變成本不變的條件下，可以由更多的產品來分攤固定總額，從而降低產品的單位成本，爲廠商創造更多的利潤。對規模經濟內部諸個體而言，能夠使其相互之間的資金、人力、生產、技術、銷售等方面協調互動，提高各自的效

率。發展規模經濟不只是簡單地把企業做大，更不是堆大。發展規模經濟，不是低水平產品的簡單相加，也不是現有企業的「同類項」合併，而應該是在生產要素合理配置和有效利用基礎上的「質」地轉換。大並不等於強，但強又基於大。

企業只有達到了一定的經濟規模，才能擁有較大的市場份額，降低產品成本，提高盈利能力，抗禦市場風浪。發展規模經濟不僅要注重擴大經營規模，更應提高經濟運行質量和效益，要從過去依靠鋪新銷售點、上項目，轉到對現有企業挖潛、改造、充實和提高上，應從主要依靠生產要素的擴張，轉到依靠技術進步和提高勞動者素質、科技進步在經濟增長中的貢獻份額上來。衡量一個企業的強弱，既要看經濟規模，更要看資產質量、市場份額、研發能力、人才隊伍、管理水平、盈利能力和後勁潛力，其中最重要的，是技術創新能力和盈利能力。做大要立足於做強，做強才能眞正做大。只有把做大與做強很好地統一起來，培育企業規模經濟的目標才能實現。

8 只有不斷降低成本，才會有利潤空間

成本不會自動下降，它是企業長期艱苦工作和不斷追求的結果，具體到每一企業的成本優勢，來自於每一項能夠創造價值的活動，正是和競爭對手在這些活動上的每一點細微之處，決定了兩者之間的成本差異。這些細微的差異何其多，恐怕企業永遠也數不完，也挖掘不完。因此，企業永遠不應該認爲成本已經足夠低了。

國內企業素來喜歡「價格戰」，喜歡靠低成本制勝，從家電行業的格蘭仕、長虹，到手機行業的波導，再到 IT 行業的神舟，而且它們大多樂此不疲。有趣的是，這些近似瘋狂的「價格戰」，在短期內都收到了明顯的效果，爲企業爭得了不少市場份額。這大概是因爲國內企業多處於價值鏈底層，再加上相當一部分企業老闆習慣了粗獷的打法，除了價格戰這類粗獷的擴張型打法之外，對別的精細化正規戰法大多不熟悉。

然而，這種「殺敵一千、自損八百」的辦法，其效果往往是短暫的，也沒有誰能夠眞正笑到最後。爲什麼？那是因爲企業的成本優勢只有具有持久性時，才能產生高於平均水平的效益。也就是說，如果企業不能保持長久的成本優勢，那麼它最多只能和競爭對手保持一樣

的成本水平。

所謂成本優勢，就是要使企業的全部成本低於競爭對手的成本。如果企業能夠長時間維持這種優勢，那麼，成本優勢才是有價值的；反之，如果競爭對手能夠很輕鬆地，或者不需要付出太大的代價就能夠模仿的話，成本優勢就不會維持很長時間，也就不能產生有價值的優勢。

因此，成本優勢的價值，取決於這種優勢的持久性。例如，沃爾瑪憑藉其出色的物流配送能力，和全球範圍的強勢採購，獲得了持續的成本優勢；戴爾則是憑藉著高效率的流程管理和直銷模式，帶來成本節約，在市場上頻頻得手。表面上看來，沃爾瑪和戴爾在市場上很風光，挫敗了眾多的強大對手，但是它們爲了持久獲取成本優勢，付出了不懈的努力。

就沃爾瑪而言，在二十世紀七〇年代，就開始煞費苦心地建立了中心輻射式的商品流通體系，到了二十世紀八〇年代初期，又對其進行了自動化改造。一九八三年，沃爾瑪自己購買了一套衛星系統，到了一九八九年，沃爾瑪甚至在卡車上也安裝了衛星發射機，組建高效率的物流系統。可見，這種成本上的優勢，不是來自一朝一夕的改變，而是長期持續努力的結果。

低成本固然可以爲企業帶來競爭優勢，但是，在一般情況下，企業在成本上的優勢，是很容易被競爭對手模仿的，從而喪失其作用。

近年來，國內很多企業都認識到，成本對於企業獲取競爭優勢的重要意義，於是紛紛對此表現出很高的重視程度，也確實在改進成本上花了不少的功夫。然而，也有一些企業在進行成本改進的時候，並不是踏踏實實地去執行，而是僅僅停留在空喊口號上，這是沒有任何作用的。

要知道，那些在成本領先戰略上獲得成功的企業，它們的成功不是來自一朝一夕的行爲，而是來自於他們日復一日地、對降低成本做出不懈的努力。

降低成本不應該是企業的一時興起而爲之，或者是企業爲了應付一時的競爭壓力而行之，相反，降低成本是一項長期的工程。事實上，世界上沒有哪一項重大的成功，是在一天兩天之內完成的，成功的要素在於堅持不懈、厚積薄發。

當我們看到今日沃爾瑪、戴爾、捷藍航空公司，在成本領先戰略上取得如此驕人的戰績時，一定不要以爲它們是一夜之間冒出來的。我們除了在股市、期貨等市場上，可以看到很多一夜之間暴富的例子以外，企業在日常生產營運過程中，每一項優勢都是依靠企業長時間積累得來的。

在印度國內，輕型機車的競爭非常激烈，來自全球各地的大型領導廠商，紛紛在此安營桀驁，其中就包括日本的本田公司和鈴木公司。但是，正是在這樣惡劣的競爭環境下，印度本土的巴賈傑公司卻創造了奇蹟。

二〇〇三年，該公司一共出口十五萬輛二輪和三輪摩托車，價值一．二三億美元，一舉成爲印度國內最大的輕型機車製造商。那麼，是什麼原因造就了巴賈傑公司的成功呢？總結起來只有一點，那就是在降低成本上做出不懈的追求！

巴賈傑是一個家族企業，與競爭對手比起來，它缺少根本的技術資源，公司很清楚地認識到了這一點，於是它將自身的努力方向，定位在不斷地降低生產成本上，要以成本優勢來戰勝對手。

但是，道路並不是平坦的，一開始的時候，巴賈傑公司發現，無論自己如何努力地控制工廠中的成本，提高生產效率，取得的成效都非常小。公司於是對此做了很詳細的調查，後來它們發現，原來大多數的成本在原材料進工廠大門之前，就已經產生了！公司認識到要想進一步降低成本，只有從供應商那裏下手了。爲了從供應商環節節約成本，巴賈傑公司以通用汽車公司爲自己的榜樣，將美國風格的成本管理方法引入公司內部。

公司所做的第一件事情，就是削減供應商的數目。在此之前，與公司有直接交貨關係的供應商一共有九百多家，這些供應商大多數規模很小，技術水平也很低，缺乏基本的質量控制，這在很大程度上制約了巴賈傑公司的發展。而按照通用汽車公司的模式，八十家左右的供應商是比較合適的。於是公司決定將供應商劃分爲不同的種類，在分類的基礎上，辨識出最優秀的供應商，借此來減少供應商的數目，剩下來的供應商將獲得大量的訂單。公司還幫助這些供應商挑選新設備，提供它們的生產，當然，巴賈傑公司並沒有全部照搬通用汽車的模式，在印度有很多因素和美國是不一樣的，比如說，勞動力供給問題，還有就是公司系統的問題，這些問題極大地影響物流配送的效率，而公司位址的選擇也變得很重要。在這些情況下，僅僅依賴於一家主要的供應商風險是很大的。巴賈傑公司意識到了這一點，並沒有一味地削減供應商數目。

巴賈傑公司希望通過幾年時間的改造，能夠有效地控制供應商的數目，但是並不會像通用汽車那樣只留下八十家左右，公司的計畫是留下二百家或者更多一點。通過這些動作，公司成功地降低了生產成本，並在產品質量上得到了提升，在市場上也受到越來越多顧客的青睞。當然，這些能否讓巴賈傑公司戰勝強大的競爭對手還不確定，但是對成本進行有效的管理，顯然是企業成功的必備條件。

從巴賈傑公司的案例，我們可以看出，一個想要在成本方面領先於競爭對手的企業，必須付出不斷的努力，尋求降低成本的途徑，只有這樣，才能在市場上站穩腳跟、戰勝競爭對手。

成本不會自動下降，它是企業長期艱苦工作，和自始至終在執行成本領先的戰略的結果。但是，具體到每一企業的成本優勢來自於每一項能夠創造價值的活動，正是和競爭對手在這些活動上的每一點細微之處，決定了兩者之間的成本差異。這些細微的差異何其多，恐怕企業永遠也數不完，也挖掘不完。因此，企業永遠不應該認爲成本已經足夠低了。

也許很多措施帶來的成本降低不是很顯著，可是我們同樣不可放棄它。事實上，很多時候，正是這些成千上萬的小差別累積起來，決定了企業之間的成本差異。我們的企業在學習先進的管理理念上很是賣力，可是談到執行，恐怕就不是那麼到位了。理念是用來指導企業運行的大方向的，而最終決定成敗的，則是來自於每一天、每一點的不斷改進。成本改進也是一樣，莫以事小而不爲。

企業在降低成本的時候，一定要把每一項措施徹底貫徹下去，不要覺得只有那些能夠顯著改變成本水平的舉措，才是值得去關注的，相反，千千萬萬的機會還躲在很多角落裏，等待著我們去挖掘呢。

第五章
向管理要效益
PART 5

Thrifty 節儉

企業成本的高低，蘊含在日常的每一個管理細節中，企業只有從每一個細節入手，將管理工作細化，形成一套完善的管理體制，才能最大限度地降低企業的成本，節省不必要的支出。

對企業來說，在內部管理上降低成本是很具體的細節管理，只有建立科學的制度，嚴格依照制度辦事，才能在管理中出效益。

1 在內部管理上降低成本

要讓時針走得準，必須控制好秒針的運行。這句話說明細節管理的重要性。只注重大的方面，忽視小的環節，放任的結果就是「千里之堤，潰於蟻穴」。對企業來說，降低成本需要從每一個細節入手，將浪費消滅在每一個細節當中。

「百安居」隸屬於世界五百強企業之一，擁有三十多年歷史的大型國際裝飾建材零售集團——英國翠豐集團，從一九九九年進入中國大陸，至今已開設了二十三家分店。中國公司二〇〇四年的營業額，約爲三十二億人民幣，利潤達七千萬人民幣，如此財大氣粗的公司，卻將節儉發展爲一種生存哲學，在日常的運營中，闡釋著什麼叫「細者爲王」。

北京四季青橋百安居一樓賣場，在偏僻的西南角擺了一張小桌子，來訪者在有些破舊的登記簿上簽字後，通過狹窄的樓道，華北區的百安居總部就借居在此，與明亮寬敞的賣場相比，辦公區顯得格外寒磣。華北區總經理辦公室照樣簡陋，一張能容六人的會議桌，毫無檔次可言的普通灰白色文件櫃。沒有老闆桌，總經理文東坐的椅子（用「凳子」這個詞也可以）和普通員工一樣，連扶手都沒有，就這幾件物品，辦公室已不寬裕。總經理手中的簽字筆只要一．五元，由行政部門按不高於公司的指導價去統一採購——這聽上去有些令人驚歎。而他們選用廉價筆的理由是，既然都能寫字，爲什麼要用貴的呢？

通過多年來在全球範圍內的經營活動，「百安居」隨時注意收集各地資料，並據此形成各種費用在不同情況下的不同標準，它包括核心城市、二類城市；單層店、二層店等不同的參考體系。而且在已有的控制體系中，當標準和實際實施情況比較時，任何有助於降低成本的差異，都能夠被用來作爲及時更正的依據。

以百安居營運成本中的人事成本爲例，他們對人事的成本控制，控制的是總量，特別是員工數量，而對員工的個人收入不加限制，簡單地說，人力配置專案與人均利潤息息相關。

二萬多平方公尺的賣場，只有二百三十多名員工，平均一百平方公尺配置一名。顧客所看到的店員由三部分人組成，固定員工、供應商所派過來的促銷員、配送和收銀中的部分小時工，在衣著的顏色和標識上會有區別。

此外，臨時工占員工總數的20％至30％，目前主要只在部分配送和收銀工作中使用。人員配置的調整，主要以部門、全店、全國人力效率（每小時的銷售額）的對比爲主來考慮，其次再考慮商店的具體情況（如賣場形狀、面積、現貨比例等）。人員的配置主要包括與銷售相關的部門以及支持部門。

在此後的運營過程中，會根據實際情況，繼續對人員配置進行調整，如對與銷售相關的部門員工配置，他們會設置以各部門爲縱向座標，以標準配置、實際配置、建議配置、銷售達成、員工效率等項爲橫向座標的表格，進行分析匯總（商店部門員工效率=部門銷售實際／部門人時；前後臺部門員工效率=商店銷售實際／部門人時）。而對防損、物業、行政、團購等支持部門，主要採取定崗編制，調整原因則以事實描述爲主。

有了價值分析，有了全球資料庫對比，有了標準，惟一難的就是如何確保實施。一個人節儉比較容易，可要讓超過六千名的員工，在超過三十萬平方公尺的營業區內，將節儉發展成一種組織行爲，則是難上難。但百安居辦到了！

對於一些直接的、顯性的成本項目，每一項費用都有年度預算和月度計畫，財務預算是一項制度，每一筆支出都要有據可依，執行情況會與考核掛鉤。

員工工資、電費、電工安全鞋、推車修理費、神秘顧客購物……，每月份的營運報表上記錄著一百三十七類費用單項。其中，可控費用（人事、水電、包裝、耗材等）八十四項，不可控費用（固定資產折舊、店租金、利息、開辦費攤銷）五十三項。儘管單店日銷售額曾突破千萬元，營運費用仍被細化到幾乎不能再細化的地步，有的甚至單月費用不及一百元。

每個月、每個季度、每一年都會由財務匯總後發到管理者的手中，超支和異常的資料，會用紅色特別標識，管理者會對報告中的紅色部分相當留意，在會議中，相關部門需要對超支的部分做出解釋。

預算只能對金額可以量化的部分，進行明確的控制，但是如何實施，以及對那些難以金額化的部分，怎麼降低成本呢？百安居的標準操作規範（SOP），將如何節儉用制度固化下來，取得了良好的效果。

百安居使用了一套成型的操作流程和控制手冊。該手冊從電能、水、印刷用品、勞保用品、電話、辦公用品、設備和商店易耗品八個方面，提出了控制成本的方法。比如將用電的節儉規定到了以分鐘爲單位，如用電時間控制點從上午七點到晚上十一點半，依據營業、配送、春夏秋冬四季和當地的日照情況，劃分爲十八個時間段，相隔最長的爲七小時，相隔最短的僅有二分鐘。

「我們希望所有員工不要混淆『摳門』與『成本控制』的關係，原則上，『要花該花的錢，少花甚至不花不該花的錢』，我們要講究花錢的效益。」《營運控制手冊》的前言部分如此寫道。而且「降低損耗，人人有責」的口號隨處可見。這種文化的灌輸，從新員工入職培訓時就已經開始，並且常常在每天早會中不斷灌輸、強化。

當節儉成長爲百安居的一種企業組織行爲，甚至植入到員工的文化血脈中，計畫二〇〇五年在中國做到一百億——「其實現在看來一百億是『不求上進』的目標」，自然很容易做到。

企業成本的高低，蘊含在日常的每一個管理細節中，企業只有從每一個細節入手，將管理工作細化，形成一套完善的管理體制，才能最大限度地降低企業的成本，提高自己的利潤。

在內部管理上降低成本，是很具體的管理細節，只有建立了科學的制度，並嚴格依照制度辦事，才能談得上科學的管理，而且制度一旦建立起來，必須力求完整全面。

台塑企業今天的業績，是因爲王永慶不厭其煩地反覆檢討管理制度的結果。如台塑企業的「施工規範」，僅僅土木部分就有九大本，內容中對施工規定的非常詳細，從鋼筋怎麼結構？怎麼切斷？怎麼存放？到磚牆怎麼堆砌？甚至使用什麼工具？全都有詳細的圖文說明。這套規範是王永慶到美國建廠時激發的靈感。當時他看到美國工人施工時、一板一眼，井井有條，他意念一動：「爲什麼美國工人這樣中規中矩？是因爲他們比中國人聰明嗎？」答案自然不是，原來美國人有一套嚴格的「施工規範」。他回國後，動員了七、八位幕僚人員中的工程專家，花了一年多的時間與一百多萬經費，在一九八二年完成了這部「寶典」。台塑靠的就是這種腳踏實地的作風，從大處著眼，事無巨細，一律從細微末節著手，尋找病源、對症下藥，不惜耗費人力物力，追求「點點滴滴的合理化」，在點點滴滴中求得發展。

企業經常面對的都是看似瑣碎、簡單的事情，卻最容易忽略、最容易錯漏百出。其實，無論企業也好，個人也好，無論有怎樣輝煌的目標，但如果在每一個環節連接上、每一個細節處理上都能兼顧，就不會被擱淺，導致最終的失敗。「大處著眼，小處著手」，才能將成本降至最低。

2 合理地搭配人才，讓一加一大於二

使用人才，不僅要考慮每個人的才智和能力，更要注重人事上的編組與調配。合理搭配使用人才，不僅能夠形成合力，而且還有利於節約，避免人力資源浪費。如果領導者在這一方面認識不清，措施不力，那麼即使十分優秀的人才聚在一起，也會造成人才資源的浪費，而且還可能導致「三個和尚沒水吃」的後果。

人是生產力中的重要因素，得人才者得天下。大到一個國家，小到一個企業。要發展、要興旺，人才是個關鍵。因此，用好人才尤爲重要。用人也是一種經營，經營人才就是要做到人盡其才。因爲人才是一種資源，企業就要有效地合理配置與管理。

一般所說的因才適用，就是把一個人適當地安排在最合適的位置，使他能完全發揮自己的才能。然而，更進一層地分析，每個人都有長處和短處，所以若要取長補短，就要在分工合作時，考慮雙方的優點和缺點，切磋鼓勵，同心協力地謀求事情的發展。

現在很多公司都擁有一流大學的畢業生，條件應該是得天獨厚，但業績並不如想像中的好，反之，只有幾個平凡員工的公司，有時幹得有聲有色。其中原因當然很多，但人事協調的問題卻是最主要的因素。一加一等於二，這是人人都知道的算術，可是用在人與人的組合調配上，如果編組恰當，一加一可能會等於三，等於四，甚至等於五，萬一調配不當，一加一可能等於〇，更可能是個負數。所以，使用人才不僅要考慮他的才智和能力，更要注重人事上的編組和調配。

拿破崙曾經說過這樣一句話：「獅子率領的兔子軍，遠比兔子率領的獅子軍作戰能力強。」這句話一方面說明了主帥的重要性，另一方面還說明這樣一個道理：能人紮堆對企業發展不利。

請看這樣一個例子：三個能力高強的企業家，合資創辦了一家高新技術企業，並且分別擔任董事長、總經理和常務副總經理的職位。一般人認爲這家公司的業務一定會欣欣向榮，但結果卻令人大失所望，這家企業非但沒有盈利，反而是連年虧損，原因是不能協調，三個人都善於決斷，誰都想說了算，又都說了不算，最後啥事也沒幹成，管理層內耗導致企業嚴重虧損。

這家公司隸屬於某企業集團，總部發現這一情況後，馬上召開緊急會議，研究對策，最後決定敦請這家公司的總經理退股，改到別家公司投資，同時也取消了他總經理的職位。有人猜測這家虧損的公司再經這一番撤資打擊之後，一定會垮掉，沒想到在留下的董事長和常務副總經理的齊心努力下，竟然發揮了公司最大的生產力，在短期內使生產和銷售總額達到原來的兩倍，不但把幾年來的虧損彌補過來，並且年年創造出相當高的利潤。而那位改投資別家企業的總經理，自擔任董事長後，充分發揮自己的實力，表現出卓越的經營才能，也創造了不俗的業績。

這的確是一個值得研究的例子，三個人都是一流的經營人才，可是搭配在一起卻慘遭失敗，而把其中一個人調開，分成兩部分，反而獲得成功，其中的關鍵就在人事協調上。

習慣上，我們承認多數人的效應，因而有「集思廣益」和「三個臭皮匠，勝過一個諸葛亮」的說法，認爲採用一個人的智慧，不如綜合多數人的意見。然而，每一個人都有他的智慧、思想和個性，如果意見不一或個性不投緣，往往容易產生對立和衝突，這樣一來，力量就會被分散或抵消。

怎樣使人員配置更加合理呢？一般地說，一個單位或一個部門的管理人員，最好不要都配備精明強幹的人。道理很簡單，假如把十個自認一流的優秀人才集中在一起做事，每個人都有其堅定的主張，那麼十個人就會有十種主張，根本無法決斷，計畫也無法落實。但如果十個人中只有一兩個才智出眾，其餘的人較爲平凡，這些人就會心悅誠服地服從那一兩位有才智者的領導，工作反而可以順利開展。所以，經營者用人，不光要考慮其才能，更要注意人員的編組和配合。

人才的調配應當從實際出發，本著「科學、合理、高效」的原則，積極做到人盡其才、行動默契、團結一致、發揮合力。

要善於識別人才。人是複雜的，能有顯隱，才有高低，而且在性格、情操、風格等方面都各不相同，這些因素會直接影響到工作的效果。這就要求領導者對每個成員的優勢和特點都瞭若指掌，不僅諳熟每個人的現在，還要瞭解他們的歷史；不僅要掌握其優點，更要知悉其缺點；不僅要清楚其工作，還要留意其生活。這樣，才能做到心中有數，揚長避短，合理調配。

要善於把握整體。只有把握主旋律，不同音符的組合才能譜出優雅、和諧的樂曲；只有掌握主色調，不同顏色的拼對才能出現生動、引人的畫面。同樣，領導者調配人才必須要有大局意識，從整體上調整人員的增減和互補，調整彼此間的微妙性和親密性，使搭配在一起的人員能夠形成合力。

要善於在調配中培養人才，挖掘潛力。合理的調配就是爲了創造良好的環境和氛圍，使每個人都能發揮出最大潛力。斧頭的分量不僅僅要依靠斧刃的鋒利，而且還取決於斧背的厚重，而人員調配的日的，就是要讓斧刃更鋒利、斧背更厚重。我們要根據實際情況有的放

矢、科學安排、創造條件，該打磨的要磨得鋒利，該加重的一定要有分量，使二者形成合力，產生實實在在的力量。換句話說，調配的目的就是要讓唱主角的挑大樑，唱配角的拿大獎，形成各有千秋的良好局面。

總而言之，用人上的合理調配、統籌安排，是人事管理工作中的學問和藝術。作爲領導者，一定要在這方面多下工夫、多做文章，充分運用好調配藝術，使人才資源能夠得到最充分的開發和利用。否則，人才的能力得不到完全的發揮，肯定會造成企業人力資源的浪費。

③ 做到人盡其才

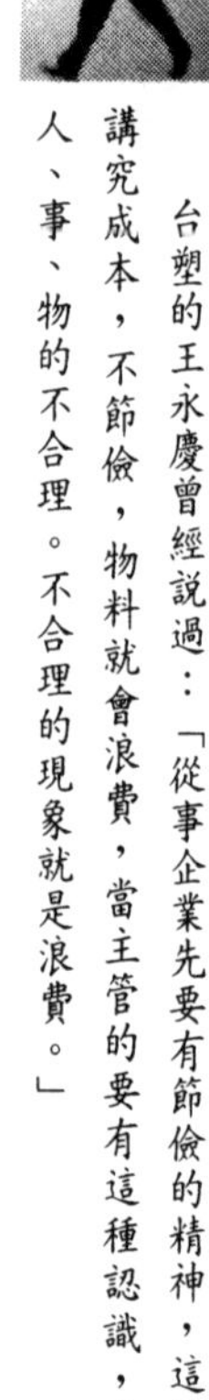

台塑的王永慶曾經說過：「從事企業先要有節儉的精神，這便是『根』。經營管理講究成本，不節儉，物料就會浪費，當主管的要有這種認識，才會提高警覺，避免人、事、物的不合理。不合理的現象就是浪費。」

每個企業最嚴重的問題，都是「人」的問題。員工是公司最重要的資源。他們的貢獻維繫著公司的成敗。隨著社會的發展、科技的進步，現代社會企業間的競爭，已經演變成人才的競爭，誰擁有的科技人才多，誰的競爭實力就越強，第二次世界大戰時期，同盟國與協約國之間的戰爭，就是雙方人才的競爭，就是法西斯「沙漠之狐」隆美爾和美國的巴頓將軍、艾森豪將軍之間的戰爭。

戰爭的初期，兩個陣營勢均力敵，戰得難捨難分。而後期，希特勒沒有做到人盡其才，對隆美爾的功高蓋主有所猜忌，導致隆美爾的自殺，而美國總統羅斯福卻用半身癱瘓的身體，給予將軍們極大的權利，最終，同盟國收到不斷凱旋的消息。

也就在這場戰爭中，美國極力挽救被法西斯追殺的猶太籍科學家愛因斯坦，爲美國的核技術帶來了跨越式的發展，最後才有了日本廣島兩地的原子彈爆炸，結束了第二次世界大戰的東方戰場，且不說核技術對人類的危害，只說美國在做到人盡其才上，就値得我們企業老闆們的借鑒。

人力資源的最高境界，是使組織需求的人才能夠適時、適才、適質的供應，這樣則無事不成。許多企業的管理者不清楚員工的眞正實力在哪裡，所謂「人盡其才」，把人擺對位置是很重要的，這是考驗管理者用人的智慧，也是人力資源管理的最高指導原則。大才小用或有才不用，都是人力資源的浪費。

朱先生原是一外企A公司的宣傳策劃助理。三年來，他憑著自己的才幹，屢屢爲公司創下佳績。前不久，A公司企劃部經理因故辭職，員工們都以爲朱先生是毋庸置疑的最佳人選，可後來公司主管卻做出了讓人力公司爲自己尋找更爲合適的高級策劃人才的決定。兩個月後，朱先生辭了A公司的工作，並應一家民營企業B公司的邀請，出任其銷售總監。再後來，在一次業界的專案策劃活動中，朱先生以自己獨特的策劃方案，擊敗了A公司的企劃方案，使B公司從此在市場上威名四振。A公司主管聞訊後，不禁扼腕長歎，悔恨連連。

目前，許多公司在內部出現職位空缺時，往往第一時間就會想到找人力公司，認爲「外來的和尚好念經」，但是事實並不盡如此，一方面，外來人才對公司企業文化還有一個磨合、適應期；另一方面，他們卻忽視了公司原有的人才，不予挖掘、起用。結果造成了類似以上案例中企業精英的流失，浪費了人才資本。顯然，A公司未能看好朱先生的工作潛能，是因爲對其業務水平的錯誤判斷，認爲他「最多也不過就是目前這樣子」。事實上，朱先生到了另外一家企業後，卻顯示出自己確有過人的才華和實力。

某國際知名的管理諮詢公司主管，曾深有體會地說過，要想留住企業中最出色的人才，就必須爲他們提供最具挑戰性、最有益、最合他們心意的文化。由此看來，能否爲優秀人才提供發展機會以及合理的激勵制度，關係到能否充分挖掘員工的潛力，提高企業的競爭力。上述案例中，朱先生並非無才，而A公司人才外引似乎也沒錯，公司未用朱先生，不是不重視人才，只因「量才有失」。

要想避免這種浪費，人力資源管理者必須要科學地評價人的能力，把他放到合適的位置上，做到人盡其用，有才不用是一種浪費，大才小用也是一種浪費，有才不能盡其能更是一種浪費。

作爲企業的人力資源管理人員，要瞭解人才個體自身不同的特點。每個人的能力特點有所不同，不同特點的人才，對他從事什麼樣的工作以及工作效績如何，都有著極其重要的影響。只有當特點和工作相匹配的時候，才能充分地發揮人的能力以及潛能，才能眞正做到人

盡其才。而如何才能明確地鑒定不同個體人才之間的差別，尋找他們之間不同的特點呢？

在哈佛商學院 MBA 核心教程中，有這樣對個性因素的闡述，即在所有個性因素中，有五個最基礎的維度：一是外向性，這樣的人才善於社交、言談，適合做外交方面的工作；二是隨和性，這樣的人才能夠愉快合作，給人以信任的感覺，適合做協調方面的工作；三是責任心，這樣的人才具有強烈的責任感、可靠性，適合單獨負責一個專案，委以大任；四是情緒穩定型，平和，安全，能夠統攬全局，這樣的人才適合做決策者，不以物喜，不以己悲，能夠冷靜處事，善於分析；五是經驗的開放型，個體聰明，敏銳，適合做開拓創新型的工作。基於以上的五個維度，企業家們就可以量體裁衣，善用人才，眞正實現人盡其才。

社會培養出來的精英人才畢竟是有限的，如何讓有限的人才發揮最大的潛力、創造最大的價值是一門大學問，做到人盡其才，是企業在現在越來越狹小的空間中生存的一把越來越尖銳的利器！

4 減少人才的流失率

對企業來說，辛辛苦苦培育的員工，不能留在企業裏工作，是一種浪費。爲了減少這種不必要的浪費，企業最好對離職的員工做一個調查，知道問題出在什麼地方，解決它，不要讓它成爲企業裏的負面因素。當然，企業的薪資、福利、員工的未來規劃制度是否完善、是否有進修渠道、員工是否能內部創業，皆是能否留住員工的心的重要指標。

也許有人會問：人才流失到底有什麼大不了的？答案可以從葛林斯潘的一句話中得到。美國聯邦儲備委員會主席葛林斯潘極爲精闢地指出：是美國的教育、而不是外貿或者進口問題，決定著美國人的命運。

雖然「重視人才」早已成爲公司老總們的口頭禪。但令人不解的是，許多公司一邊不斷地招人，一邊聽任人才大量流失。人才的流失給企業帶來了大量的不必要的開支和浪費，根據人力資源經理們估計，考慮所有因素，包括因爲雇員離開公司而失去的關係，新員工在接受培訓期間的低效率等，替換新員工的成本，甚至高達辭職者工資的150％。

而且，替換新員工的成本還不僅限於此。許多公司的財富，正越來越多地要用知識資本來衡量，而很大一部分知識資本，存在於公司知識雇員的腦子裏。但是，許多公司和企業仍然認識不到知識是一種無形資產。

某日化產品生產企業，幾年來，公司業務一直發展很好，銷售量逐年上升，每到銷售旺季，公司就會到人才市場大批招聘銷售人員，一旦到了銷售淡季，公司又會大量裁減銷售人員。就這件事，公司銷售經理楊華曾給總經理李明提過幾次意見，而李明卻說：人才市場中有的是人，只要我們工資待遇高，還怕找不到人嗎？一年四季把他們「養」起來，這樣做費用太大了。不可避免的，公司的銷售人員流動很大，包括一些銷售骨幹也紛紛跳槽，李明對銷售骨幹還是極力挽留，但沒有效果，他也不以爲然，仍照著慣例，派人到人才市場中去招人來塡補空缺。

終於出事了，在去年公司銷售旺季時，跟隨李明多年的楊華和公司大部分銷售人員集體辭職，致使公司銷售工作一時近乎癱瘓。這時，李明才感到問題有些嚴重，因爲人才市場上可以招到一般的銷售人員，但不一定總能找到優秀的銷售人才和管理人才。在這種情勢下，他親自到楊華家中，開出極具誘惑力的年薪，希望他和一些銷售骨幹能重回公司。然而，這不菲的年薪，依然沒能召回這批曾經與他多年浴血奮戰的老部下。

一家公司流失的人員越多，它必須重新物色的人才也就越多，即使那些不準備大肆擴張的公司也是如此。隨著國際大經濟環境的日趨發展，世界各國的公司和企業對優秀人才的需求越來越大，人才供不應求。爲了留住自己公司需要的人才，企業紛紛拿出了大手筆。

在微軟的發展史上，曾發生了許多比比爾．蓋茲的財產快速增長更加激動人心的尋找人才的故事。

很多年前，在Windows系統還不存在時，比爾．蓋茲去請一位軟體高手加盟微軟，那位高手一直不予理睬。最後禁不住比爾．蓋茲的「死纏爛打」，同意見上一面，但一見面，就劈頭蓋臉譏笑說：「我從沒見過比微軟做得更爛的作業系統。」但蓋茲沒有絲毫的惱怒，反而誠懇地說：「正是因爲我們做得不好，才請您加盟。」那位高手愣住了。蓋茲的謙虛，把高手拉進了微軟的陣營，這位高手成爲了Windows系統的負責人，終於開發出了世界上應用最普遍的作業系統。

這樣的例子，在蓋茲經營微軟的歷史中不勝枚舉。在西方記者撰寫的關於微軟的書籍中，多次提到一件事情：加州「矽谷」的兩位電腦奇才——吉姆．格雷和戈登．貝爾，在微軟千方百計的說服下，終於同意爲微軟工作，但他們不喜歡微軟總部雷德蒙冬季的霏霏陰雨。蓋茲聽說後，馬上在「矽谷」爲他們建立了一個研究院。

微軟的工作地點在風景秀麗的西雅圖北區，四周都是蔥鬱的樹木。蓋茲希望微軟的員工能因此而驕傲，並由這種驕傲產生依戀和歸屬感。一九八五年，公司在討論設計方案的時候，蓋茲就明確指示：所有樓房都設計成X型，讓每間房子的窗外都可以看到鬱鬱蔥蔥的樹木，每間房子只能住一個人。蓋茲在會上說：「我們這些姑娘和小夥子，在進大學前，幾乎足不出戶。現在我們把他們帶到這荒野的地方，應該想方設法讓他們覺得舒適。」

而在這個總部裏，所有成員每人都享有同等的約十一平方公尺的單間辦公室，在裏面可以聽音樂、調整燈光，做自己的工作，可以在牆壁上隨意貼自己喜歡的海報，或在桌上擺置喜歡的東西，讓這間辦公室像自己的一個家。

在這裏，無論是開發人員、市場人員還是管理人員，都可以保持個人的獨立性。不管你是新來的大學生，還是高級管理人員，或是老牌的微軟人，大家全部一樣。這種工作環境，體現著微軟崇尚高度獨立的企業文化，且能做到對員工能力的挑戰和考驗。蓋茲認爲，只有在一個獨立的富有個性的環境中，軟體發展人員的智慧，才有可能最大限度地發揮出來。他的這種「反叛」，一下子把那些老牌軟體公司遠遠地甩到了後面。

而在微軟亞洲研究院所在的希格瑪大廈，其衛生環境之差，大概能評上世界之最，員工在辦公室有放家庭照片的，有養花種草的，有擺食品的，有放芭比娃娃的，還有養松鼠、蟒蛇的……。人的邋遢和不拘小節舉世聞名。但是蓋茲在整潔與高效之間的權衡中，做出了明智的選擇。在對微軟應用部門進行的一次調查中，有88%的雇員認爲，微軟是該行業的最佳工作場所之一。這再次印證了比爾．蓋茲在管理方面的天才。他驚人的創造力和對市場的應變能力，讓對手們十分敬佩，同時，他在人員管理上最富人情味、最富人性化的舉措，讓微軟這個擁有三萬多名員工的龐然大物充滿了生機。

留人千萬招，招招在留心。許多公司發現，向員工承諾吸引他們的更好的其他條件，確實很困難。這些條件包括對工作的滿意程度，集體歸屬感，處理好工作與生活之間關係的能力，以及個人發展的機會。這聽起來似乎有點可笑，但留住人才的藝術和經驗告訴我們，這些東西雖然抽象而且難以捉摸，但卻是非常重要的。因此，雖然一些留住人才的計畫，主要包括增加獎金和公司提供後勤服務，以及使生活更加舒適的特殊待遇，但更加重要的戰略，則是以發展計畫爲核心。

對企業來說，人事管理並不是花錢而不賺錢的事務，而是一種應該儘量減少的開支，有效的人事管理，可以有效地節省企業的開支，降低人力資源成本，爲企業的發展提供必需的人才。

5 選一個適合的人最重要

近年來，招聘過程中的「人才浪費」現象，一直屢見不鮮，許多單位招聘大學生時，一些崗位明明只需本科生就能應付，卻偏偏注明「要研究生」，以至出現了碩士搶了本科生「飯碗」，博士競聘起「碩士崗位」。企業招聘追求高學歷，會增加企業的人力資源成本，造成無序的人才競爭和人才的供需不平穩，最終影響人才作用的發揮，和整個社會人力資源的優化配置。

要求重視人力資本的概念，被炒得熱火朝天，人人都講「以人爲本」，於是，大家都爭著搶著去找人才，但目前企業識別人才，主要還是看簡歷、看學歷、看面試情況。學歷僅能說明一個人具有某一學習經歷，或者說具有某一專業系統知識的可能性，但具體崗位對人才都有特定的素質要求，如有的重視研究能力，有的重視公關能力，還有的重視組織能力，而這些都是學歷無法反映的。然而，在一部分企業負責人的眼裏，看中的只是學歷，有的甚至已經做到：對研究生敞開門，對本科生開扇門，對專科生關著門，對高中生怎麼敲也不開門。而一些部門和單位也喜歡拿文憑來充門面，說自己部門的平均學歷有多高，研究生有幾何，甚至看門的都是本科畢業，然後沾沾自喜於本單位的素質。然而，對企業來說，眞的是學歷越高越好嗎？

有這樣一個故事：一個從名牌大學畢業的大學生，帶著一副盛氣凌人的架勢，來到了一家企業，當他發現老闆認爲他的工作，還不如一個沒有任何文憑的普通員工時，他那種不服氣的姿態，在一種不可一世的狂妄中，變得更爲變本加厲，在他眼裏，一個沒有任何文憑的小人，怎麼可能與他這樣一位名牌大學的畢業生相提並論，於是他認爲老闆是在有意與他作對，一氣之下，他離開了那家企業。

爲了進一步弘揚他這種孤傲的凜然之態，他又回到了學校繼續讀研究所。研究所畢業後，他又來到了一家企業，並由於高學歷而深受老闆的重用，然而不久，老闆發現，這位盛氣凌人的高學歷者，其實際的辦事能力還遠遠不如一般的職員，與此同時，老闆還發現，由於他不可一世和高傲獨斷專行的領導作風，從而使原本充滿團隊精神的一個部門，變得怨氣十足、支離破碎，於是老闆憤然炒了他的魷魚。本來，這位高學歷者應該冷靜下來反省一下自己，爲什麼會出現這樣的狀況，到底是他人的原因，還是自己的不足。然而他卻不這樣想，他完全沒有意識到自己除了只會讀書考試之外，連一些基本的綜合能力都不具備，相反的，他認爲自己應該去讀博士，以便能夠到更大、更著名的公司去展示自己的才華。

於是，他又輕而易舉地考取了博士學位。博士畢業後，他卻尷尬地發現，當他去一家家公司應聘的時候，似乎沒有多少人對他感興趣，一方面因爲他所開出的條件太高，另一方面，招聘者對他簡歷中、數次閃電般的工作經歷，似乎看出了破綻。於是，在一次次的拒絕中，這位曾經不可一世的博士，終於被無情的現實擊垮了。

這個故事告訴我們，首先，高學歷並不意味著高能力，在中國的教育體制下出來的人，「高分低能」是很普遍的，高學歷並不意味著更高的能力。其次，對企業來說，聘用高學歷的人才，其實是一種資源的浪費，學歷高，自然意味著要付出更高的工資，與同樣的工作用一個普通的人來做相比，公司必須支付更多的錢。同時，高學歷的人對自己往往自認爲高人一籌，總是不安心於工作，心裏總想著更好的待遇，跳槽的機率更大，公司挽留的成本更高。

對那些拿引進的人才裝飾門面，以此來提高自身的含金量，或作爲申請資金和專案的籌碼的單位來說，這往往代表著更高的人才流動率，而這也是需要付出成本的。成功企業的一個重要因素，就是招賢納士、重用有才能的人。奇異公司一位總裁曾經說過：「只要我的員工還在，即使我的全部財產在一夜之間毀於一旦，我仍能再建一個奇異。」可見，人才對於一個企業發展的重要作用。那麼，什麼是人才呢？

德國管理界有一句名言，叫做「垃圾是放錯位置的人才」，這其實是一語道破天機。是不是人才，關鍵是看你把他放在什麼位置上，讓他去做什麼事，只要他在這個位置上能夠做好，能做出成績來，他就是人才。如果不行，即使他是碩士、博士，他也不是人才。人才不能僅以學歷論，有些工作，即使你讓博士去做，恐怕他也做不出來，而有多年操作經驗的高中生，卻可能有此能耐，所謂「尺有所短，寸有所長」，就是這個道理。

所以，只有適應某個企業、某種環境、某個職位、某種文化的人，才是人才，也就是說，人才是帶標籤的，不要自己覺得拿到了什麼學位，有了一段什麼經歷，就一定是人才。在A單位是人才的，到同一類型的B單位未必就是人才。崗位不同，要求不同，人才的標準也就不同，判斷一個人是不是人才，不能夠一刀切，不能僅僅依靠學歷這個標準，一個人是不是人才，最重要的是要把他放在什麼位置上來認識和使用。

因此，用人單位需要確立正確的人才觀念，不要一味地引進碩士、博士等高學歷人才，那樣會造成人才的浪費，而應該按需而取，尋找對自己最適用的人才。

某外資企業招聘總經理秘書，就業指導中心推薦了一些人選，其中有的還是研究生，令人大跌眼鏡的是，對方最後只選了一個專科生。他們表示，總經理秘書幹的都是一些基本工作，只需選取一個能幹的專科生就足夠了，聘用研究生純屬浪費。

某單位人力資源總監表示，像工廠流水線上小組長這樣的崗位，收入雖不低，但級別也不高，專業對口的專科生就能勝任，要是換成本科生，能力上固然差異不大，但個別人的從業心態就不如專科生穩定。學歷較高的畢業生，很難安心地「窩」在一個基層崗位，跳槽率也很高，對於企業來說，一方面增加了培訓熟練工的費用，另外一方面又延誤了生產，而且單位要挽留他們的成本也比較高。

人才引進之後又流失，是市場不健全的表現之一。正常的人才流動，是建立在合理的人才供求關係之上的，如果引進人才的水平高於所需，或者是有需求而不引進人才，都會破壞人才的正常流動，造成無序的人才競爭和人才的供需不平穩，最終影響人才作用的發揮，和整個社會人力資源的優化配置。選一個適合的人，比選一個優秀的人來得重要，「適才適所」才是企業用人的最高原則。

6 提高開會的效率

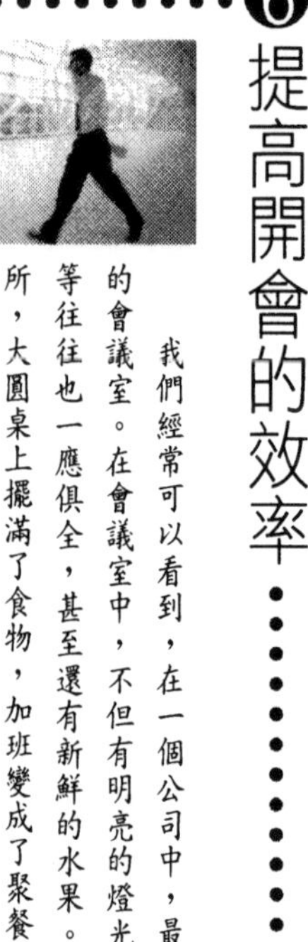

我們經常可以看到，在一個公司中，最漂亮、最富麗堂皇的房間，往往就是公司的會議室。在會議室中，不但有明亮的燈光、舒適的座椅，飲水機、咖啡機、微波爐等往往也一應俱全，甚至還有新鮮的水果。在加班的時候，會議室往往成爲聚餐的場所，大圓桌上擺滿了食物，加班變成了聚餐。

說到開會，我們中國人可以毫不誇張地說是開會「大國」，有些會可以說是天天開，甚至是一天到晚開。大會小會，什麼樣的會都開過。有一種說法是「舊社會稅多，新社會會多」。有這樣一個笑話：一天晚上，某公司在開會。三個小時過去了，會還沒開完。這時，一位中年女員工站起身來走出會議室。

「你幹什麼去，小張？會還沒有開完呢！」

「我得回家，我家有孩子要照顧。」

過了半個小時，又站起來一位年輕的女員工。

「你要去哪兒，小朱？你家並沒有孩子要照顧呀！」

「如果我總坐在這裏開會，那麼，我家永遠也不會有孩子的。」

這雖然是一個笑話，但它卻反映了一些企業眞實存在的狀況。冗長的開會是一種浪費時間的表現，不僅浪費了員工的時間，也浪費了公司的時間。倒不是說企業不開會更好。會議是一個企業統一思想、整頓形象的關鍵環節，可如果把更多的時間花在喊口號上，員工們還有時間去做自己的工作嗎？

許多企業的會議是這樣的：各個部門的經理湊到一起，基本上都是聽大老闆一通神侃，然後大家附和一番。每一個企業每週總要開幾次會議，規模越大者，開會的次數就越頻繁，每次開會時間少則二十分鐘，多則持續三至四小時，這些會議有些是「計畫」公司政事，有些是檢討業務成效，有些是協調工作，其目的都是冠冕堂皇，事實上，大部分企業內所開的會議，都患有會而不議、議而不行的毛病，大家在會中信口開河或無的放矢。說者口沫橫飛，聽者則是昏昏欲睡，等到該說的都說完了以後，主管便宣佈散會，於是大家帶著一臉的空白，打個哈欠，作鳥獸散，這是一般企業界開會的通病，也是造成經營者浪費時間的一個主要原因。

會是要開的，一周開一次例會就差不多了。而且在開會時，要落實到具體的問題上。如果開一次會只是爲了在會議室打一陣子瞌睡，喝兩杯茶，這只能說明這次會議只是走了一下形式而已。

管理者往往都有一大堆開不完的會。策劃，必須通過開會集思廣益；組織，必須通過會議明確機構權責關係；指揮，必須通過開會佈置具體任務；協調，必須通過開會糾正偏差……，在企業管理中，會議的高效性無疑是會議成功與否的一個重要指標。

在這方面，我們應該向日本和美國人學習，日本人絕不開無用的會。他們每次開會之前，都在會議室裏張貼本次會議的成本，多少人參加，開多長時間，每小時工時費用，最後累計起來公佈，使主持會議的人和參加會議的人心中有數，開短會、開高效率的會，不說廢話。

另外，日本的會議室不像我們國內這麼舒適，不少日本企業的會議室十分簡陋，不但無煙無茶，而且沒有椅子，開會的人都站著開，用簡陋的條件控制會議的長度，提高開會的效率。

日本太陽公司爲提高開會效率，實行開會分析成本制度。每次開會時，總是把一個醒目的會議成本分配表貼在黑板上。成本的演算法是：會議成本=每小時平均工資的三倍×2×開會人數×會議時間（小時）。公式中平均工資所以乘三，是因爲勞動產值高於平均工資；乘二是因爲參加會議要中斷經常性工作，損失要以二倍來計算。因此，參加會議的人越多，成

本越高。有了成本分析，大家開會態度就會慎重，會議效果也將會十分明顯。

美國人對待開會是嚴肅認眞的，美國人是會少規矩多。說到開會的規矩，世界上恐怕沒有人比得上美國人的規矩大了。他們有一本厚厚的開會規則——《羅伯特議事規則》（Roberts Rules of Order），這在世界上是獨一無二的。這部規則由亨利·羅伯特撰寫，於一八七六年出版，幾經修改後，於一九九〇年出了第九版。

《羅伯特議事規則》的內容非常詳細、包羅萬象，有專門講主持會議的主席的規則，有針對會議秘書的規則，當然，大量是有關普通與會者的規則，有針對不同意見的提出和表達的規則，有關辯論的規則，還有非常重要的、不同情況下的表決規則。

有一些細節規則後面的邏輯原則是十分有意思的。比如，有關動議、附議、反對和表決的一些規則，是爲了避免爭執。原則上，現在在美國的國會、法院和大大小小的會議上，在規範的制約下，是不允許爭執的。如果一個人對某動議有不同意見，怎麼辦呢？他首先必須想到的是，按照規則，是不是還有他的發言時間以及是什麼時候。其次，當他表達自己的不同意見時，要向會議主持者說話，而不能向意見不同的對手說話。在不同意見的對手之間的你來我往的對話，是規則所禁止的。

在國會辯論的時候就是這樣。說是辯論，不同意見的議員在規定的時間裏，名義上是在向主持的議長或委員會主席說話，而不能向自己的對手「叫板」。自己發言的時候拖堂延時，或者強行要求發言，或者在別人發言的時候插嘴打斷，都是不允許的。

在美國的法庭上也是這樣，當事雙方的律師是不能直接對話的，因爲一對話必吵無疑，法庭就會變成吵架的場所。規則規定，律師只能和法官對話，向陪審團呈示證據；而陪審團按照規則，自始至終是「啞巴」。不同觀點和不同利益之間的針鋒相對，就是這樣在規則的約束下，間接地實現的。

像議事規則這樣的技術細節，對於美國這樣的多元化而又強調個人自由、人人平等的國家是非常重要的，是民主得以實現的必要條件。否則的話，如果發生分歧就互不相讓、各持己見，爭吵得不亦樂乎，很可能永遠達不成統一的決議，什麼事也辦不成。即使能夠得出可行的結果，效率也將十分低下。《羅伯特議事規則》就像一部設計良好的機器一樣，能夠有條不紊地讓各種意見得以表達，用規則來壓制各自內心私利的膨脹衝動，求同存異，然後按照規則表決。這種規則及所設計的操作程式，既保障了民主，也保障了效率。

《羅伯特議事規則》是在洞徹人性的基礎上，經過精心琢磨而設計的。正是這種對細節把握得精緻完美的規則，才最大化地實現了公平與效率。

美國和日本人對於會議的做法，可以給我們很多啓示，在這樣一個追求高效率的時代，

如何節約時間、以最大限度地提高企業工作效率並節約成本，是擺在各企業管理者面前的一個不容忽視的問題，工作會議應注意提高效率。

一、**是改進會議方式**。對於一般性會議，可以召開無會場會議，比如運用現代通訊設備：電視、廣播、電話、網路進行開會，可以大幅度節約會議成本。

二、**是集中主題**。一次會議上不管安排幾項會議內容，都要使會議主題明確，這樣既方便討論，又方便執行。

三、**是壓縮內容**。應圍繞會議主題，刪掉那些可有可無的內容。

四、**是限定時間**。對於會議的起止時間、發言時間、討論時間，事先都要明確規定，並且嚴格執行。

時間也是一種成本，也是可以有價值的，是可以用金錢去量化的，提高效率的同時也就節省了時間，節省了時間，也就降低了成本，管理者們必須對這一點有清醒的認識，在日常的工作中，採取實際的措施去提高開會的效率、降低成本。

7 不做相互扯後腿的螃蟹

政治鬥爭是企業發展的毒酒，存在嚴重政治鬥爭的企業裏，管理者決策的基礎，不再是企業的戰略實施和業務發展的需要，而是幫派鬥爭。企業裏各級管理人員從權力和利益出發，組成幾個對立的派系，每個派系有自己的核心群體。不同派系的人員控制的部門之間的協作，基本上是很難實現的。這樣，企業就不再是一個統一的集體，企業的資源和力量也不再朝向同一個目標，派系鬥爭導致經營目標分散、協同困難，相互刁難的問題，給企業的發展帶來了巨大的內耗，從而導致了大量的人力物力的浪費。

政，是指眾人之事；治，是指管理眾人之事。通常人們一談到政治，首先就產生本能的戒備心態，馬上就會將政治和爾虞我詐、勾心鬥角、拉幫結派、打擊報復、告密、搞運動、穿小鞋等等一系列令人不寒而慄的事情聯繫起來，恨不能躲得遠遠的。

事實上，有人的地方就有政治存在，除非像魯濱遜一樣，和星期五孤獨地生活在小島上（嚴格地講，魯濱遜和星期五之間也存在政治）。其實，對公司政治大可不必如臨洪水猛獸，而且也不可能避而遠之。另外，對於經理人員來說，不但不能避而遠之，而是應該主動瞭解公司政治，甚至熟悉公司政治。一個人過於迷戀政治，將變成投機分子，但如果過於遠離政治，將變成世外之人。一個不懂公司政治的人註定要失敗。

公司政治可以籠統地認爲，是公司內各種人際關係的總和。它是公司裏規章制度等顯規則背後的隱規則，這種規則是不成文的，是說不出來的，藏在水面之下的，是一些約定俗成的日常事務處理法則。公司政治是公司生活中的根本性因素，是一種誰也無法忽略的、更爲隱秘也更有決定性的力量。可以毫不誇張地說，公司政治是公司生活的精髓。公司政治是一套眞正有效的控制系統。不論是普通員工還是公司的領導者，都可以合理運用公司政治的力量，實現個人和企業的成功。能否成功駕馭公司政治，是評價職場人士和企業家們能力高下的一個關鍵指標。

良好的公司政治，有利於倡導良好的執行文化，有利於激勵員工的鬥志，振奮員工的士氣，降低交易成本，增強員工的凝聚力。

當然，我們更不能忽視公司政治的危害。

首先一個危害就是「人治盛行」，規範管理成為口號。尤其對於強權政治的公司，領導的權威，對維護公司的長治久安有積極的作用，中國目前大多數成功的企業，都是強權政治加上成功的制度保障。但成功的制度不一定是規範的制度，規範的制度也要隨著市場環境的變化與時俱進，如果這個時候強權領導人觀念跟不上，他就會把新生的觀念，當成是對領導權威的一種挑戰。在這種環境下，業務流程優化等於打破了領導原有的領導習慣，如果不能眞正說服強權領導人，讓他眞正理解資訊系統的作用、實施步驟、與企業固有做事方式的衝突，很容易把規範管理、改革喊成口號。

其次是資訊不暢，交易成本提高。中國人喜歡含蓄、模糊、對面不講眞話，喜歡拐彎抹角，如果你不深諳公司政治之道，經常會只見樹木、不見森林，看似簡單明瞭，實際上盤根錯節。

許多人反映問題看主管的臉色行事，報喜不報憂。在公司裏經常聽到一些這樣的抱怨：企業的業務需求多變，反覆無常。仔細分析這其中，有許多是沒有考慮到公司政治這種影子文化，讓不諳政治的技術人員「知其然，不知其所以然」。

第三，利字當頭，小團體主義盛行。中國企業（尤其是民營企業）普遍企業文化建設不到位，這樣員工很難有全局意識，遇事首先想到的是本部門的小團體利益，許多人感歎組織效率的低下。據統計，許多企業日常生產經營過程中的70%簽字手續，不僅沒有意義，還嚴重影響著組織的效率，但這代表很大一部分管理人員的權利，他們允許你輕易把這個權利削弱嗎？

就會出現內耗。

第四，組織內耗，員工缺乏凝聚力。當企業政治失去平衡，矛盾積累到一定的程度時，就會出現內耗。

有人燒香，就有人拆廟，許多公司並不是戰略不當、產品不好、技術含量不高，而是內耗讓企業喪失了競爭力。對許多深諳政治的中國人來講，眼前內耗的樂趣，比長期的危機更讓人沉迷，似乎在內耗中更容易體現成就感。「人若犯我，我必犯人」，自身利益得不到保證、自身前途難保，誰還關心組織的聲譽、公司的長遠發展。作爲一個組織，公司裏存在著不同利益的階層，當階層之間發生博弈時，就會出現「公司政治」。不要認爲「公司政治」是一股罪惡勢力，因爲每一個公司都存在這種潛在力量。但是，如果一家公司的「政治問題」過於嚴重的話，那這家公司就會長期處在陰影之下，難以獲得前進的力量。

有一個職業經理人，充滿自信地去一家自視甚高的公司就職，這家公司爲自己制定了一個宏偉的目標：五年之內步入《財富》五百強。然而一年後，公司的業務沒有任何起色，這位經理人倒是學會了如何把最好的主意留在肚子裏，把一般的主意分享給別人。他整天被「公司政治」所困擾，全部精力都放在了靠攏誰以及拉攏誰的學問上。公司內員工與員工之間、管理層之間勾心鬥角，拉幫結派，嚴重阻礙了公司的發展。

創業是中國社會近年來最熱門的話題了，就像二十世紀初的美國，然而卻有很多的公司早早就夭折。其中共同的原因是，一旦創業者發現可以分配的利益時，他們就會沉溺於「公司政治」，勾心鬥角，最終導致公司的人員流失，衰敗就在所難免了。

在中國目前的很多公司中，很少有哪家公司沒有內耗的經歷，而且有很多公司深陷其中、難以自拔。在公司內部之所以會有這種情形出現，是因爲對利益滿足的不安全感，以及不斷產生的新的利益要求。這種情形在許多跨國大公司裏面也是存在的。

IBM 就有過這樣的經歷，在郭士納執掌 IBM 之前，IBM 各個層級的官僚主義作風盛行，數萬人都試圖保護自己的特權、資源以及各自單位的利益，還有數千人則努力地在人群中發佈命令和標準。郭士納在他的自傳中描述了他看到的現象。在IBM的八項原則中，並沒有消除所有公司政治這樣的說法，但是卻有兩條與此相關，其一是：「我們是一家具有創新精神的公司，我們要儘量減少官僚習氣，並永遠關注生產力」；其二是：「傑出的有貢獻精神」的員工將無所不能，特別是他們團結一致、作爲一個團隊開展工作時更是如此。

一九九二年以前的 IBM，像羅馬教皇一樣管理和經營著龐大的公司和業務，它只信任自己擁有行業霸權。整個公司的組織複雜、等級森嚴。在公開場合，人們可以從發言人的坐席位置，看出其在組織中的地位。每個管理者被提升時，公司內部都要舉行隆重的新聞發佈會。公司的管理者們並不關心客戶需求，把全部的精力都放在了公司內部的爭權奪利上，只要一聲令下，公司所有的專案都要立即停止運營。

官僚主義讓公司內部「山頭」林立、派系分明。管理層只是主持工作，而不是去採取實際行動。公司內的各個部門只關注自己的利益，大量優秀人才的才華被浪費掉，他們學會了察言觀色、見風使舵。業務部門之間除了喋喋不休的攻擊和爭論，表達反對的意見之外，就是保持沈默。最後導致各部門之間的競爭，甚至比整個公司對外界競爭的程度還高。

硬體事業部會在沒有提前通知公司軟體事業部的情況下，就和 IBM 在軟體領域的主要競爭對手簽了合約。不同業務塊的銷售人員為了取得更好業績，會詆毀其他部門的產品，甚至 IBM 的多個事業部，會同時參與投標一個客戶專案，而且競爭激烈。研發人員也會儘量隱瞞自己的研究項目，以求不讓其他利益團體知道或利用他們的研究成果。所有的員工都沉迷於內耗，樂在其中。

當然，這一切已經成為歷史了，郭士納上臺之後，大刀闊斧地進行了變革，盡力消除了這些狀況。

「公司政治」一旦失去了平衡，會讓公司陷入內耗，而最直接的受害者就是公司本身。美林公司在網路經濟時代遭遇打擊以後，公司的首席執行長在與員工們進行深入地溝通後，才發現公司正深深地陷入內耗當中。為了贏得業務，經紀人之間經常互相傾軋。一些經紀人抱怨說，缺少經驗但是卻咄咄逼人的經紀人，會從其他經紀人手中偷搶生意，然而卻不能爲客戶提供良好的服務。其他人則抱怨說，只允許來自同一地區的經紀人，在一個團隊中工作的政策，限制了能幹的經紀人尋找合適的專家的能力。還有很多經紀人串通起來，共同牟取私利。

通用汽車公司在二十世紀九○年代中期，保守派和改革派混戰不休，導致整個公司不能正常協調運轉，設計和製造系統的合作也出了問題。最終導致公司的產能滿足不了市場的需求。這種狀況持續了數年，最後才得以解決。

公司的內耗也曾差點毀掉了義大利的飛雅特公司，作爲義大利最大的工業公司，該公司的銷售收入超過了五百億美元，雇用了超過十萬名員工。除了汽車製造業，它也是農業、建築設備、輕型商用卡車等領域的名列前矛的公司，並且在義大利經營保險、出版業務。旗下的法拉利部門，主宰了國際 F1 賽事。而就是這樣一個大公司，到了一九九八年的時候，卻差點被它的汽車業務拖垮，那時整個汽車部門負債超過五十七億美元，市場份額一再縮小，虧損已超過十億美元。面對巨額的虧損和債務，以及不斷爆發的遊行示威，公司必須找到解決辦法。公司新任 CEO 弗雷斯科在採取行動時，找到了問題的根源：公司的內耗。公司內部的人員所關注的只是權力鬥爭，人們對內耗的興趣似乎比「危機」更讓人沉迷。爲此，公

司專門請來了奇異公司的前任 CEO 傑克．威爾許擔任改革顧問，以求渡過難關。

當然，雖然官僚主義對公司造成了種種危機，但它對公司組織來說，卻是非常重要的。它可以協調組織運轉，有時候是用強制的方式。但是，公司內部的官僚通常很難協調一致，他們率領各個兵種的小組織，劃定自己的地盤，然後互相傾軋、互相隱瞞、互相爭奪，通過不斷的紛爭來擴大勢力範圍。作爲公司的管理者，必須善於平衡這種現象，深刻理解公司內部的政治體系，在這一體系中妥善生存下來，並且因深諳這個體系的運轉規律而在其中獲得成功。這也就是爲什麼當前許多企業家，醉心於所謂禪、儒、兵法及曾國藩、毛澤東著作的原因。憑藉研讀這些充滿了智慧的哲學，他們也許能更輕鬆的駕馭自己的「王國」。

官僚主義對組織來說是必然存在的，區別在於其影響的大小，如果能夠把「公司政治」的壓力有效排解，並且能使公司快速重新返回快車道，那就是最好的選擇。

第六章
節儉行銷
PART 6

Thrifty

節儉

「做什麼產品，給哪些人，怎麼賣出去」，這是任何一個從事經濟活動的人都繞不過去的問題。數以億計的消費行為和紛繁複雜、變化多端的經濟現象，企業必須能夠清楚地瞭解自身產品的消費對象，做到有的放矢，避免不必要的資金投入和浪費。

面對越來越國際化的趨勢，越來越激烈的市場競爭，越來越理性的消費者和市場，越來越注重成本競爭和資源優化的行銷時代，企業必須重新審視行銷的未來，樹立新的行銷觀念和理性行銷心態，克服盲目、浮躁、冒進、急功近利等不理性的企業心態，倡導「節約行銷」，走入理性行銷時代。

1 選擇正確的行銷策略

所謂「策略不對，一切白費」，錯誤的策略導致爲行銷投入的所有資金和爲行銷所付出的所有努力付之東流。有專家說，「沒有取得良好效果的行銷支出都是浪費」，所以，行銷策略的失誤是行銷中最大的浪費，它不僅會讓企業遭受損失，甚至會影響企業的生死存亡。

企業行銷之目的，在於以各項資源的整合，實現銷售和利潤的最大化及最優化，第一也罷，五百強也罷，都是在以上目標實現下的品牌載體而已，絕不能顚倒以此爲目標。因此，企業制定合理有效的戰略規劃和目標設定，必須搞清行銷的本質，戰略規劃和目標絕不是畫在紙上的藍圖，而是方向和行動指南，體現的是企業的戰術決心和戰術意識，因此必須有效合理，從而避免戰術資源的浪費。戰略規劃和目標設定還必須是可持續的、漸進的，否則，就將流於短視。

二十世紀八〇年代初期，位居世界摩托車領域第二把交椅的日本山葉摩托車公司，爲了爭取該領域的首席，開始向雄踞世界第一位的日本本田公司，發起被後人稱作「近代日本工業殘酷競爭」的一次挑戰。歷時兩年的激戰，以山葉的失敗而告終。

山葉公司失敗的一個原因，歸根結底就是實力不足。一九八一年八月，山葉公司總經理日朝智子宣稱：很快將建一座年產量一百萬台機車的新工廠，這個工廠建成後，將可以使山葉摩托車總產量提高到每年四百萬台，超過本田二十萬台，那時本田公司將讓出第一的位置。

山葉的勇氣固然可嘉，然而它忘記了，本田是一個幾十年來一直稱雄於世界摩托車市場的實力雄厚的大公司，並且以其在汽車領域的技術優勢作爲後盾。一九八二年元月，當山葉公司挑戰性的言論傳到本田決策者的耳朵裏時，他們迅速做出決策，即在山葉新廠未建成之前，以迅雷不及掩耳之勢給予反擊，打掉他們的囂張氣焰。一場被譽爲日本工業領域最爲殘酷的競爭戰打響了。

從商戰一開始，本田公司就採用了大幅度降價策略，增加促銷費用和銷售點。在競爭最激烈時，一般車型摩托車的零售價的降價幅度，都超過了三分之一，以致一部五十C.C.的本田摩托車價格，比一輛十段變速的自行車還便宜。

但由於本田公司除摩托車生產外，還有汽車生產，特別是二十世紀八〇年代初汽車銷售穩定上升，所以，「東方不亮西方亮」，它完全可以通過汽車盈利，來彌補摩托車價格戰的損失，最終達到打擊山葉、擴大市場份額的目的。

山葉公司則是一個專業的摩托車生產廠商，它的生存完全依賴摩托車。因爲投資建廠造成企業成本的較大的投入，如果採用與本田公司相同的降價策略，公司本身是無法承擔的，但如果不降價或降價幅度較小，那就只有在價格大戰中敗下來。顯然，由於實力不足，在價格上山葉已處於劣勢。

本田公司採取的另一策略，是加快產品的更新換代，迅速使產品多樣化。在十八個月的時間裏，本田公司憑著它有三分之二的營業收入來自汽車和資金充裕等經濟實力，推出八十一種新車型，淘汰了三十二種舊車型。產品更新換代的加快，使公司在消費者心中樹起了新的形象。這樣，本田公司摩托車的銷售量直線上升。而山葉公司相比之下則有些相形見絀了。爲了超過本田公司，山葉公司在投資建新廠上下了很大的賭注，內部運營資金入不敷出，只好向外大量貸款，而新廠尚未建成，無法產生效益，因此山葉幾乎無力開發新產品。在本田公司推出八十一種新車型時，山葉公司只推出了三十四種新車型，淘汰了三種舊車型。產品更新換代速度的減慢，使山葉公司在市場上的形象日益衰退，產品日益積壓。

結果在價格之戰中，山葉公司難以承受巨大的損失，節節敗退；在市場形象方面，由於推出新產品的品種單調而漸受顧客的冷落，造成大量的庫存積壓。經過一年的較量，山葉的市場佔有率，從原來的37%下降到23%，產量也迅速下降。一九八二年，該公司的營業額比上一年銳減50%以上，一九八三年初，山葉公司的庫存，占日本摩托車行業庫存的一半。在這種情況下，山葉公司只能以舉債爲生。一九八二年底，山葉公司的債務總額達到二千二百億日元。銀行家們看到山葉公司前景不妙，紛紛停止了貸款。山葉公司缺乏資金，產品又無法降價出售，庫存越積越多，走投無路的山葉公司爲了避免破產，終於在一九八三年六月向本田公司舉出了白旗。

在一定程度上，市場競爭就是實力上的競爭。如果公司的實力不足、捉襟見肘，不僅難以獲得生產所必需的物質資料，而且也會在市場行銷等各個環節處於不利地位。更不用說與大公司叫板比拼了。如果不顧自身實力而與大公司較量，很快就會因爲實力不濟而敗下陣來，甚至成爲大公司的魚腩。可以說，實力不足就難以進行高頻率的產品創新，不能在創新上超越大公司，就會在與大公司的比拼中敗下陣來，這也是公司失敗的一個重要原因。

因此，公司在確定自己策略的時候，一定要有所選擇，要看清自己的優勢與不足，首先，戰略最重要的是差異化。不同的企業應該有只適合自己、不容易被模仿的戰略。「迅速做大做強」適用於所有企業，因而只能是一句勵志的口號，而不是企業戰略。

策略的精髓在於「選擇」。如果所有的人都能夠輕鬆地得出同樣的結論，這樣的選擇不可能形成戰略優勢。正所謂「有所不爲，才能有所作爲」。

一九七五年，松下毅然放棄已經投資十五億日元，研究長達五年之久的大型電腦專案。消息傳出，日本上下爲之震驚，因爲松下的兩台樣機十分先進，不久就可以進行市場推廣和大規模的工業化生產。松下放棄的原因，是因爲在幾周前，美國大通銀行的副總裁到松下訪問，談話中不覺就把話題轉到電腦上。當副總裁聽到日本目前包括松下在內，共有七家公司生產電腦時，嚇了一跳。他說：「在我們銀行貸款的客戶當中，電腦製造廠幾乎都經營得很不順利。雖然因爲別的部門賺錢才沒有讓公司垮下來，而電腦部門幾乎都發生赤字。就以美國來講，除了 IBM 公司以外，所有公司對電腦專案都在減縮之中，而現在日本一共有七家，恐怕太多了一點吧。」

副總裁走了以後，松下仔細地做了考慮，最後得到的結論是：決心從大型電腦上撤退。因爲松下的大型電腦專案在接下來的科研、生產以及市場推廣，還需要投入近三百億日元，如果放棄雖然損失十五億，但是這個決定避免了三百億的損失。這個決定使松下更加專注於對電器和通訊事業的發展，使松下逐步成長爲當今世界的電器王國。

現實中，除少數技術集約型中小企業外，大多數企業的設備水平、技術開發能力都比較低，一般難以在同類產品上與大企業直接展開競爭。在「夾縫」中求發展的策略，就是選擇產品市場開發的結合部分或邊緣地帶，找到競爭較弱、同時又具有廣闊前景的某些「間隙」，開拓企業的發展空間。

對同一行業的競爭對手來說，產品的核心價值是基本相同的，所不同的是在性能和質量上，在滿足顧客基本需要的情況下，爲顧客提供獨特的產品是差異化戰略追求的目標，從而形成獨自的市場。

李藍電氣公司是製造油泵馬達的小公司，整個公司只有幾百人，可是它製造的油泵比美國任何十家公司都多。

爲什麼一家僅有數百名員工的小公司，所製造和銷售的油泵馬達，要比通用和西屋這種公司價格低很多，卻依然還有利可圖呢？「因爲所銷售的是有所差異的馬達」，亨德森在研究李藍電氣公司之後這樣說。

或許這種差異對很多人來說並不重要。但對購入和裝配這種馬達的油泵製造商來說，這種差異就非同小可了。對這一行業比較熟悉的人都知道，有些特殊用途的油泵馬達必須能防止爆裂。而這些具有防爆功能的油泵馬達，必須要有特殊的設計：軸柄稍有不同，或是裝馬達的方法稍有不同，或是氣孔的規範稍有不同。李藍公司看到這一點後，把自己的產品戰略定位在了製造這種稍貴的馬達上，按照產品的特殊用途來進行設計。

西屋電氣公司也製造油泵馬達，但它主要的產品是一種標準化、輕便型的一般用途馬達，如果客戶需要的是具有防爆功能的馬達，該公司就把自己生產的馬達裝上鑄鐵罩，而這具鑄鐵罩大大提高了公司整體的製造成本。西屋公司的成本當中，不僅包括標準型馬達、鐵罩成本，以及裝上鐵罩的成本，同時，必須在原有生產線上製造出滿足專業化需求的產品，既難以達到客戶的特殊要求，又使原來的高速生產流程嚴重受阻。這種交叉式的生產，無論是對生產成本還是對公司的生產力來說，都是極爲不利的。

因爲生產成本很高，西屋公司也只能把售價定得高一些，而李藍公司卻是專門製造這種馬達，它的成本只有西屋公司的二分之一，就算是把價格定到西屋公司售價的三分之二，仍然具有很大的價格優勢。

由於成本和售價是產品本質當中的主要部分，因此亨德森認爲：李藍公司眞正在銷售的，是一種與西屋公司有所差異的產品。小小的李藍公司能夠抗衡強大的西屋公司的原因，是找到了自己的位置。李藍的馬達不但比較便宜，而且更適合特殊目的使用。

同樣產品的成本結構，常常會大不相同：這是因爲費用分攤、行銷成本，或是產品設計的不同而產生的。

這種成本的差異叫人難以相信。每一家成功的公司都有這樣一個共有的特點：它們的成本結構很好。它們的成本之所以能比競爭者低，眞正的原因在於它們在戰略定位上有所差異，這種差異也就會在成本上反映出來。對每一位競爭者來說，它的位置就是它在顧客和服務上，享有相對於競爭者的競爭優勢。有了差別，也就有了特色，也就有了競爭優勢；有了差異，才能有市場，才能在強手如林的同行業競爭中立於不敗之地。

減少行銷浪費，應從策略開始。如今許多優秀的企業都已經認識到了這一點，於產品構思和選擇之初，就開始了精心的策劃，以期使產品先天就具有對手所不可比擬的優越性。但仍有許多產品在行銷中，存在著明顯的策略缺失，失敗和浪費也就在所難免，這一點必須引起所有企業的重視。

2 借勢行銷省費用

現代行銷理論認為，讓消費者在眾多相似的同類產品中記住其中一個產品，是比較困難的，但如果通過一個有特點的公眾人物或事件，來引導消費者記憶，往往會起到良好的效果，可以有效地節省廣告費用，是行銷中的上乘之策，是每一個行銷人員必須掌握的一種技巧。

一種新產品面市，如果推廣投入太少，則市場波瀾不驚，新產品可能無疾而終；如果推廣投入太大，則企業成本增加，有可能得不償失。如果僅以傳統的廣告、拉關係推銷等方法，雖然也有一定效果，但是往往事倍功半，收不到理想的效果。如果是具有一定市場難度，或是廣告費用有限的產品，推廣起來就更加舉步維艱了。那麼，通過何種方式推廣，才能迅速被市場認可，被消費者接受，並迅速產生經濟效益呢？「借勢行銷」是解決這類問題的有效手段！

《兵法》有云：「善戰者，求之於勢，不責於人，故能擇人而勢。」「借勢」就是借助具有相當影響力的事件、人物、產品、故事、傳說、影視作品、社會潮流等，策劃出對自己有利的新聞事件，將自己帶入話題的中心，由此引起媒體和大眾的關注，讓更多的人認識、關注自己，以此提高自己（產品）的知名度。行銷人員要善於對所處環境、時局進行判斷，捕獲對本產品推廣有利的資訊並加以運用，借此「勢」爲我所用，可達到「四兩撥千金」、「事半功倍」的神奇效果。

在英國邁克斯亞州的法庭上，一位中年婦女和丈夫鬧離婚，理由是她的丈夫有外遇。她向法官哭訴：「我二十歲嫁給他，他也保證不和那傢伙來往，可是結婚不到一個星期，他便偷偷摸摸跑到運動場幽會。我警告過他，他聽不進去，我忍氣吞聲過了二十年，他至今仍迷戀那可惡的妖精，無論白天黑夜，與那第三者見面。」在法庭旁聽的群眾聞之無不爲之動容。法官問中年婦女：第三者是誰？她說，是那臭名遠揚、家喻戶曉的「足球」。這時有人說，你不能告足球，你應告足球生產廠家。

於是這位中年婦女果然向法庭控告一年產二十萬隻足球的宇宙足球廠，出人意料的是，宇宙足球廠居然非常情願地賠償她「孤獨費」十萬英鎊，讓這位中年婦女在法庭上大獲全勝。

接著，宇宙足球的老闆大肆「炒作」，通過新聞機構廣爲宣傳，他對記者說：「這位太太與其丈夫離婚，正說明我廠生產的足球魅力所在。」

有人猜測，從這位中年婦女起訴，到她法庭大勝，以及新聞機構的反覆報導宇宙足球廠，都是足球廠老闆一手炮製的，有人算了算，賠那中年婦女十萬英鎊比做廣告便宜，而且比廣告收益大得多。

足球老闆主動「惹火上身」，把一齣奇特的離婚案炒得有聲有色。中年婦女控訴「第三者」，奇的是「第三者」竟是言不能語、人見人愛的「足球」，怪的是足球廠無怨無悔，甘願背黑鍋，自願認罰。明處是中年婦女大獲全勝，足球廠十萬英鎊大出血。暗地裏足球廠聲名大振，巧借離婚案，大炒「足球」。相比特地做廣告，足球廠老闆眞是「以銖易鎰」。

勢者，氛圍也。成功的行銷案例，無不依賴於市場氛圍的烘托，當然，並不是每一個事件都可以借爲己用的，所借之勢或所借之人應與產品的內在本質相呼應或吻合，而且，借勢還取決於適當的時機。「少一點摩擦，多一點潤滑」，這句經典的廣告語，就是統一石化在伊拉克戰爭期間快速應對、與產品巧妙結合的產物，這一句經典廣告語隨央視對伊拉克戰事報導一同播出後，統一潤滑油短期內就吸引了大量觀眾的眼睛，並且大大提升了統一石化的美譽度。

有了可借之勢，還要會適時運勢。「運」就是把握時局，隨機應變，積極探索，方能運籌帷幄。

「勢」，其實是一個不斷運行的過程，它不是雜亂無章地進行，而是遵循一條「勢」的增長鏈，有序、漸進的展開。把握它的規律、根據發展的態勢，不斷調整策略而爲我所借、爲我所用，就是運勢。

有了可借之勢，且成功地運籌了所借之勢，接下來便需要大力造勢。身處傳媒時代，媒體的力量絕不容忽視。利用媒體造勢是最爲常見的手段之一。

造勢要根據其產品的目標群體特點，選擇合適的傳播方式，目標群體接觸不到的媒體，堅決不能選用。同時，各種媒體應恰當配合，形成立體合圍攻勢，以保證資訊的到達率。在做廣告宣傳時，還要考慮到各種媒體廣告內容的關聯度，以保證接觸兩種以上媒體的觀眾，能在第二次接觸該廣告時，能喚起記憶。

「借勢」是捷徑，「運勢」是充分發揮，「造勢」則是產生轟動效應。三者並非三件獨立的事物，而是一件事情的三個階段。巧妙借勢、成功運勢、大力造勢，必將使市場行銷卓然生輝！

3 管道創新，橫向合作

據權威機構研究，各行業的流通費用，大致在15%至40%的水平。毫無疑問，如何在這裏挖掘潛力、降低不必要的開支浪費，降低流通管道費用，應該是製造商優先考慮的問題。

市場是動態而不是靜態的，市場的變化，必然要求企業對行銷策略做出相應的改進，隨著現代市場消費結構的不斷變化，消費者的需求呈現多樣性的發展，勢必引起商品流通中各個環節不斷的變化。相應的企業的通路結構也在發生變化。

爲什麼進行管道創新？從消費者方面看，已經出現了一種新的需求，消費者購買產品、批量購買等候的時間和出行的距離、售後服務的需求，都已經發生了很大的變化。從管道本身來看，它的目標就是要滿足消費者的服務需求，服務需求發生變化了，管道肯定也要進行變革。

在市場產品越來越同質化的今天，來自管道的推薦及促銷的效應，甚至已經超過品牌產品自身賣點的誘惑。特別是在那些實力相當的競爭對手之間地抗衡，管道的態度取向，直接決定了誰最終勝利。

現在很多行業管道商的實力，已經趕上或超過了做品牌的廠商，廠商已經不得不看管道商的眼色行事了，如果實力懸殊再進一步加大的話，可以預料市場局面將會變得更加複雜。一般管道商的發展壯大，有著廠商所不具備的優勢。因爲更多的時候，管道商左右逢源，可以同時與多個廠家合作，進可攻、退可守。而廠家對管道——特別是主流管道——的依賴非常嚴重的，甚至是別無其他選擇的。

因爲製造商不可能花費巨大的人力、物力、財力，直接去組建自己的單一的管道。此外，管道正在削弱品牌的形象傳播效果，讓企業品牌的形象越來越模糊，而管道商自身的形象卻越來越鮮明突出。

強勢管道比如大商場、連鎖店等，都有自己的商標，有統一的貨櫃、統一的工作服、統一的服務、統一的文化。賣場裏，最醒目地刺激給消費者的，無疑是管道商自己的形象標識，而不是所購買的產品本身的品牌形象。

在生產過剩、產品同質化嚴重的買方市場的年代，市場發展的定律是這樣的：做品牌，如果沒有好的管道，產品就一定賣不出去；不做品牌，如果有好的管道，產品也許就能賣得出去。只要是依靠中間管道進行商品流通的企業，品牌的發展必然要面臨著來自管道商越來

越大的壓力。因為管道越來越強，這已經是不爭的事實。並且，除此之外，你別無選擇。大品牌的遭遇尚且如此，中小品牌那就更不用說了。中小品牌想迅速擴張做大，一般都喜歡選擇強勢管道商進行合作，但往往通常又因為實力不足，受制於管道商，留下許多不穩定的因素。結果，中小企業與強勢管道的合作，最終多是不歡而散。很多中小品牌往往都是一著不慎而滿盤皆輸，一不小心便被扼殺在成長的搖籃裏。

另外，越來越多的大眾消費品製造商終於發現，僅靠產品的物理特性來保持競爭優勢是越來越難了。一方面是由於學習方法的進步，使得同行對相關技術的模仿越來越快，產品的差異性越來越小；另一方面是成功的產品創新擴大了市場需求，刺激潛在的競爭者迅速加入。往往是有了發明，未必就能領先，或者領先了卻是為他人做嫁衣，如發明 VCD 的萬燕。新經濟的市場遊戲規則是主流化，即大規模的生產促進低成本的市場擴張，並迅速成為市場主導（50％以上的佔有率）。

新經濟的另一個遊戲規則，是以價值鏈增值為主導，即廠商共贏才是真贏。這方面，「格力」是真正的市場英雄，以不足同行1％的人力資源投入，維繫市場份額第一的分銷網路，並且無不良應收賬款。

上下通吃只是愚蠢的反動，「創維」曾經在廣東全省，為了直接控制零售終端，開了三百多家專賣店，現在一家不剩，全倒閉了。但是還有業界大佬要把直營店開到全球去，無視自然法則，重蹈覆轍是難以避免的了。

從財務的角度來看，生產規模越大，固定費用分攤就越薄。但隨著產銷量的擴大，組織管理成本也會越來越大。一方面，在一定的技術條件下，市場份額的提高所發生的邊際成本一旦超過邊際收入，則得不償失；另一方面，企業的本質是要降低內部交易費用。龐大的組織機構和複雜的遊戲規則，都可能降低運作效率。對企業來說，管道創新勢在必行。

管道創新已成爲競爭的重要籌碼，如果廠家進行橫向合作，兩個或多個企業通過分享對方的管道資源，就可以達到降低成本、提高效率、增強市場競爭力的目的，尤其在對大客戶的服務方面結成聯盟，共用銷售管道資源，可以大大提高企業的競爭力。

在日本，富士全錄和當地生產數位式一體化速印機的理想科學工業株式會社結成聯盟，彼此分享對方的銷售管道。

在中國，金葉神酒這個以尖端商務爲定位的白酒，從二〇〇五年元月，在中國尖端白酒的橋頭堡——廣東上市以來，以中國煙草爲平臺，借助煙草發達的物流配送體系，及廣泛的網點所形成的煙草銷售管道進行銷售，以廣州爲例，廣州市有煙草終端網點近二萬家，僅中高端形象的網點也有六千多家。在短短的三個月內，金葉神酒就在廣州市完成了以金葉煙草連鎖為核心的煙酒專銷店的鋪貨佈局工作。金葉神酒首先從金葉煙草專賣連鎖店的目標消費群，滲透了消費市場，從而避開了傳統商場和超市等終端高昂的進入費用門檻。

二〇〇二年四月，松下電器與TCL集團簽訂協定，雙方就松下產品在中國的銷售以及技術提供等方面，展開全面合作：TCL將利用自己強大的管道和終端網點，為松下銷售它在中國生產的電視機、空調等家電，松下則向TCL提供數位電視機等最新技術以及主幹零件，並在產品開發方面與TCL展開合作。緊接著，TCL又與飛利浦展開了合作。同年八月二十二日，TCL宣佈和飛利浦管道合作。雙方協定商定TCL獨家代理飛利浦在廣西、貴州、江西、安徽、山西五省區的彩電銷售。至此，TCL已經為其銷售公司找到了兩位大客戶，與之共用管道和終端，實現了自建終端根本性轉變，有效地降低了管道費用，節省了開支。

企業對於管道的創新是順應消費市場成分、結構等變化的大勢所趨。反觀市場行銷發展的歷史，沒有一成不變的管道形式，也沒有一成不變的行銷手段，在管道創新的同時，也要注意廣告、促銷等行銷手段的創新，使之互相配合。

4 先細分市場，再投入產品

在市場行銷中，很少有一個產品能夠同時滿足所有客户的需求。既然只能滿足一部分客户，那麼針對整個市場的行銷，就是一種浪費。因此，公司必須知道哪些客户對自己是最有價值的，他們的具體需求是什麼，如何才能接近他們——市場細分的目的，就是從各個細分的消費者群當中，辨認和確定目標市場，然後針對客户的特點，採取獨特的產品或市場行銷戰略，以求獲得最佳收益。如果企業的目標市場與其他細分市場沒有差別，就不會取得成功。

在一個成熟的市場上，競爭往往非常激烈，這個時候如果與競爭對手展開正面的廝殺，往往是事倍功半的，因爲，誰也不比誰笨，除非你擁有像微軟、惠普、奇異公司和沃爾瑪等這樣在行業裏的絕對優勢，或者你根本就寄希望於競爭對手犯錯誤。事實上，你也不必被同質化的市場競爭搞得焦頭爛額。

市場無處不存在機會，發現它們，就意味著你找到了一塊新的大乳酪，在新的競爭者進入之前，可以酣暢地享用它，而且你還可能成爲市場先入者，並獲得競爭優勢。

企業如果能夠先於競爭對手之前，捕捉到有價值的細分新方法，往往可以搶先獲得持久的競爭優勢，這是因爲企業可以比競爭對手更好地適應眞實的買方需求，或提高自身的相對優勢地位。因此，企業需要做的，就是瞅准用戶需求，挖掘新的市場細分機會。

在競爭激烈的乳業市場上，二〇〇二年八月有一位悄然進入的新軍——乾粉行業滋潤生長的「中國核桃大王」——四川智強集團。就智強集團而言，雖然擁有一定的資金與網路實力，但與「光明」、「伊利」等行業巨頭相比，顯然是不佔優勢的；與各區域的乳品「諸侯」相比，也不佔據「鮮」與「廉」的優勢。於是，智強集團選擇了在細分市場上進行差異化經營的戰略。智強集團「立足核桃，做透核桃」，「做乳品企業裏的專業戶」（即液態奶裏，專門致力於「活腦核桃奶」的專家）。

儘管這樣做失去了一部分普通液態奶的消費群，但獲得了更多青少年及用腦族消費者的青睞。現在，智強集團佔據了核桃粉產品一半以上的市場份額，取得了不錯的業績。

可見，如果企業能在其細分市場上，形成持久的成本領先地位或差異化的形象，而且該市場從結構上來說具有吸引力，那麼，企業就會獲得高於行業平均水平的利潤回報。

在市場行銷中，很少有一個產品能夠同時滿足所有客戶的需求。既然只能滿足一部分客戶，那麼針對整個市場的行銷，就是一種浪費。因此，公司必須知道哪些客戶對自己是最有價值的，他們的具體需求是什麼，如何才能接近他們——市場細分的目的，就是從各個細分的消費者群當中，辨認和確定目標市場，然後針對客戶的特點，採取獨特的產品或市場行銷戰略，以求獲得最佳收益。

我們觀察一下那些優秀的企業，就會發現，它們往往能夠在市場機會出現前，就能夠敏銳地識別出機會，或者它們本身就是挖掘市場新商機的高手，而一旦它們掌握並利用了這些機會，就能夠很快形成自己的競爭優勢，令競爭對手難以模仿。

例如，聯邦快遞公司把要求連夜投遞的小包裹，看作一個細分市場，以前沒有企業在此處採取集聚戰略經營，該公司圍繞此細分市場設計了戰略，包括重構價值鏈，從而取得了極大的競爭優勢。

美國通用食品公司生產的咖啡，在歐美市場上牢牢佔據著領先地位，在各階層人士中，享有很好的口碑，並且在銷售上獲得了最佳回報，爲什麼呢？因爲通用食品對旗下各種品牌的咖啡進行重新定位，針對不同的目標消費群，確定它們各自不同的用途和利益所在，最大程度滿足廣大消費者的需求，以獲取他們的忠誠度與滿意度。因此，無論他們喜歡哪一種品牌、用什麼方法調製，也無論他們想在什麼時間、什麼場合享用，通用食品都能滿足他們的需要。

索芙特當初進入洗髮精市場，市場上可謂一片混戰，主要表現在洗髮概念漫天飛，去屑、滋潤、護髮、黑髮等幾個戰場上，擠滿各大企業，海外兵團（寶潔、聯合利華等）和本土兵團（拉芳、好迪、蒂花之秀等）全線作戰，廣告戰、價格戰、促銷戰、管道戰全部上陣，企業在戰術層面打得火熱，面對這樣的千軍萬馬，硬衝進去結果就是不死即傷，索芙特的獨木橋在哪裡？索芙特做的就是放棄去屑、滋潤、護髮、黑髮四大陣地，自己去尋找新的空白市場。結果索芙特以「負離子」作爲自己的洗髮概念，取得了成功。

總結以上案例，不難得出這樣的結論，優秀的企業總能夠先於競爭對手，發現市場上的可乘之機，並迅速地把抓到的機會轉化爲企業的競爭優勢，從而使競爭對手望塵莫及。

聯想集團是國內家用電腦市場上的領頭羊，自從一九九六年以來，連續八年電腦銷量雄踞榜首，而且在除了日本以外的亞太市場上，也是排名第一。二十世紀九〇年代初期，當國內電腦行業尚處於起步階段時，聯想集團率先推出了「家用電腦」的理念，將電腦市場一分爲二，品牌細分的概念開始在國內流行起來。事實也證明，聯想集團憑著自己在細分市場上的獨到見解，一次又一次地引領著電腦消費的潮流。

聯想集團最大的成功在於，根據用戶標準，將曾經混淆在一起的電腦，細分爲家用和商用兩大細分市場，由此以後，聯想開始了在兩大細分市場上不斷的攻城掠地。商用電腦市場主要針對企業用戶，它們關注電腦系統的安全性和穩定性，爲此，聯想集團推出了「揚天」

系列商用電腦，爲企業量身定製高性能的業務處理平臺。家用電腦市場主要針對大眾消費者，它們關注的是電腦的娛樂和學習功能，爲此，聯想集團不斷推出了「未來先鋒」、「天麒」、「天麟」、「天驕」、「天瑞」等電腦。此外，聯想集團還針對教育市場，推出了「啓天」系列電腦，廣受用戶歡迎。

在取得巨大成功之後，聯想並沒有因此而停下腳步，面對筆記本電腦市場廣闊的前景，聯想又開始了新興市場的開拓。

利用自己在市場細分上的經驗，聯想集團於二〇〇三年推出了「天逸」筆記本電腦，在業內首先挑起了筆記本電腦的細分概念。「天逸」筆記本電腦定位於普通消費者，增強了娛樂方面的功能，產品一經推出，立刻獲得了很好的市場回饋，銷量突飛猛進。

成功的細分策略，使得聯想不斷地引領著家庭電腦用戶的應用時尚。這些細分策略，深深植根於顧客的應用需求，每一次創作的靈感，都來自聯想人對顧客的深層次關懷。從倡導「一鍵上網」，輕鬆與世界互聯，到建立家庭數位港，再到「天驕」系列雙模式電腦，無不是聯想致力於爲顧客創造輕鬆、易用家用電腦的結果。

隨著家用電腦市場的不斷成熟，消費者的層次在悄悄發生著變化，形成了不同偏好的需求，市場正在創造著新的機會，聯想集團敏銳地察覺到了這一趨勢。在二〇〇三年年底，經過充分的準備、大量的市場調研工作，聯想推出了「鋒行」、「家悅」兩款新產品，根據消費者偏好和層次的不同，將家用電腦市場進一步細分。「鋒行」主要針對的是那些發燒級別的用戶，他們是電腦中的高手，對電腦的性能要求非常高，對市場上的兼容機和小品牌又不是太放心，而「鋒行」的推出，正好填補了這一部分市場空缺。「鋒行」配置的完全是當前市場上技術最爲先進的硬體產品，這在很大程度上保障了其卓越的運行性能。「聯想鋒行，我的前沿領地」，正在吸引著越來越多的電腦發燒友們。而「家悅」針對的，主要是那些對電腦還一知半解的初學者。每年都會有大量這樣的用戶湧入電腦市場，市場前景不可估量，基於此，聯想集團將「家悅」定位於普通的配置，但追求的是電腦的易用性、安全穩定以及價格低廉等特徵。四千到七千的價位，一下子拉近了普通消費者與品牌電腦的距離。

事實證明，聯想這兩款新產品的推出，獲得了很大的成功，進一步穩固了聯想在國內家用電腦市場上的領導地位。聯想的成功再一次證明，新的市場細分方法，的確能夠爲企業帶來很多的機會，有時候甚至是決定勝負的關鍵，尤其是對於那些尋求差異化戰略的企業來說更是如此。

行銷的浪費，反映的正是當前行銷的浮躁、盲目、冒進、急功近利等不理性的企業心態，也是中國本土企業總是無法實現超越、做大做強的一個原因。面對越來越國際化的趨勢，越來越激烈的市場競爭，越來越理性的消費者和市場，越來越注重成本競爭和資源優化的行銷時代，我們必須重新審視行銷的未來，樹立新的行銷觀念和理性行銷心態，倡導「節儉行銷」，走入理性行銷時代。「做什麼產品，給哪些人，怎麼賣出去」，這是任何一個從事經濟活動的人，都繞不過去的問題。數以億計的消費行爲和紛繁複雜、變化多端的經濟現象，企業必須能夠清楚地瞭解自身產品的消費對象，做到有的放矢，避免不必要的資金投入和浪費。

5 給行銷管道減肥

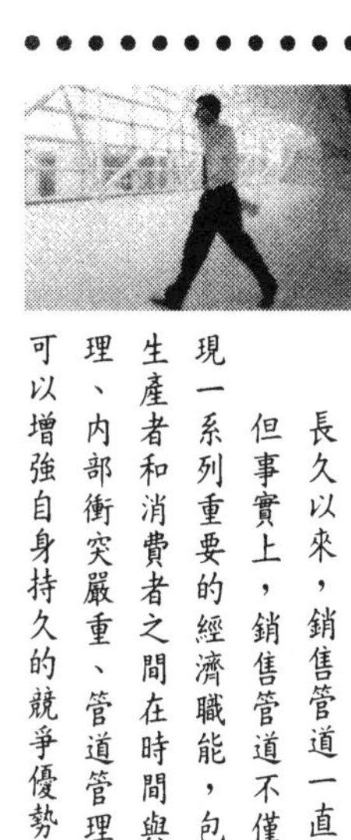

長久以來，銷售管道一直被當作是產品從廠家到消費者之間流動的載體。但事實上，銷售管道不僅僅是流通的載體，對大多數企業來說，行銷管道還能實現一系列重要的經濟職能，包括產品銷售、資訊交流、服務傳遞、資金流動等，拉近生產者和消費者之間在時間與空間上的距離。因此，如果企業能夠改善管道結構不合理、內部衝突嚴重、管道管理成本居高不下、銷售機構臃腫而效率低下等問題時，就可以增強自身持久的競爭優勢。

在產品、價格乃至廣告日益同質化的今天，越來越多的企業發現，單憑產品的獨有優勢，已經很難在市場上贏得競爭的優勢。在這種背景下，廣大企業已經認識到，只有「管道」的整合建設，才能產生市場差異化的競爭優勢。因此，行銷管道便順理成章地成爲企業關注的焦點，並且還日漸成爲企業克敵制勝的武器。所以，未來企業的競爭，不再是單純產品的競爭，更多的則是行銷管道的競爭。

對企業而言，管道實現了諸如產品銷售、資訊交流、服務傳遞、資金流動等此類重要的經濟職能，行銷管道越「瘦」，與消費者在時空上的距離越近，也就更容易瞭解消費者的需求，越來越多的公司企業已認識到，行銷管道管理不僅僅是指銷售或供給，更重要的，它是一種思維方式，一種與顧客建立新型聯繫，以捕捉商業機會的方式，它可以改變遊戲規則。正如整合行銷傳播理論創始人、美國西北大學教授舒爾茨指出：在產品同質化的背景下，惟有「管道」和「傳播」能產生差異化的競爭優勢。

對於其他對手來說，行銷管道的競爭優勢在短期內最難模仿，它比其他策略能夠提供更多更大的競爭潛力。這是因爲它具有以下三個特徵。

一、**是管道的價值性**。中間商往往在某些方面具有超強能力，使其在控制的行銷範圍內，或者在客戶的忠誠度等方面，獲取超額的收益。中間商通過積極有效的行銷推廣，可爲公司帶來豐厚的權益。

二、**是管道的難替代性**。管道所承擔的、彌合生產商與最終消費者之間資訊差距的職能，將長久地存在下去。商品終歸要從生產者手中通過管道，流通到消費者手中。管道作爲價值鏈中必不可少的一環，對於核心能力的產生和維繫，都將發揮重要的作用。這就使由行銷管道所帶來的核心能力，很難被替代。

三、**是管道的難模仿性**。每個公司的行銷管道都具有異質性、獨特性，故難以被競爭對手模仿。如一些成功的行銷管道中的專業知識、品牌忠誠度、溝通手段與能力等方面的獨特能力，是其他企業所熟知的，但又是短期內難以效仿的。

然而長期以來，絕大多數企業在流通管道的選擇上，一直沿用著傳統的批發零售模式。這種金字塔式管道的多層次框架，不僅延誤了產品到達消費者手中的時間，降低了管道效率，而且還導致廠家對終端消費者的資訊掌控不力，增加了行銷成本。根據麥肯錫高層管理論叢的資料，分銷管道成本通常占一個行業商品和服務零售價格的15％至40％。由此可見，通過改善分銷管道、提高管道效率，企業可以大大提高自己的利潤率和競爭力。

一九九八年，美國《商業週刊》評出了該年度一百名叱吒全球的巨人企業，戴爾公司被評爲第一名，它不僅戰勝了IBM、康柏、惠普等巨型企業，就連號稱軟體之王的微軟公司也屈居其後。一個創立於一九八四年的公司，何以能夠取得如此大的成就？答案在於，戴爾的直銷模式發揮了巨大的威力。儘管在一九八四年，還沒有哪一家廠商用直銷這種方式推銷產品。但戴爾卻認爲，直接銷售對廠家來說可以減少管理費用，獲得更多的利潤，對客戶來說，可以提供更便捷、更實惠的選擇。

戴爾直言：「遠離顧客無異於自取滅亡，但還有許多人以爲他們的顧客就是經銷商！我現在還對此大惑不解。」直接銷售使戴爾公司聲名大振，戴爾的營業額以火箭般地速度上升。一九八四年，戴爾公司的營業額爲六百萬美元，三年後增加到六千九百萬美元，而到了一九九一年，這一數字已達到五・四六億美元。一九九五年，戴爾佔據了全球3%的市場份額，一九九六年上升到4%。雖然戴爾的利潤不及佔據市場龍頭的康柏公司，但據國際資料公司統計，戴爾的增長率幾乎是康柏的兩倍。

傳統的銷售模式，往往是生產廠商通過總代理、區域代理商、下一級的分銷商等，一級一級地向目標市場延伸，這樣的過程不但程序煩瑣、投資的回收週期長，而且每一級的分銷商，都會在產品的價格上層層累加，致使其產品根本無法在價格上取得競爭優勢。

戴爾則是別出心裁，它打破了傳統的管道銷售模式，直接通過電話、網路和面對面的接觸，與顧客建立直接的聯繫，這樣，不僅減少了產品經過銷售管道到達顧客手中所產生的成本，也節約了大量的時間，從而提高了工作效率，更重要的是，戴爾由此可以更詳細地瞭解顧客的需求，並在最大限度上滿足他們的需求。

值得一提的還有戴爾公司的網站，它在戴爾直銷的過程中，發揮了很關鍵的作用。戴爾試圖通過現代網路的方便和快捷，來銷售其產品，事實證明，戴爾成功了。對戴爾產品感興趣的顧客，只需登陸戴爾公司的網站，根據系統的提示，填寫自己的具體需求資訊，然後，戴爾在與顧客取得聯繫確認之後，就會按照顧客留下的訂單資訊來裝配產品，然後再直接把產品寄送到顧客的手中。這樣，不但可以滿足顧客個性化的需求，而且在產品的質量上，也有了顯著的提高。由於銷售環節的縮減，使得戴爾產品的成本大大降低，從而可以保證消費者以最低的價格，購買到高品質的產品，成功地實現了產品的客戶化。通過對顧客留在網站上的資訊進行整理和統計，戴爾還可以及時地瞭解未來的需求，由此對庫存數量做出合理調度，這樣就減少、甚至避免了盲目庫存所帶來的資金積壓，降低了產品賣不出去的風險和由此而產生的費用。

戴爾公司二〇〇四年第一財季報告顯示，僅在亞太地區，戴爾的總體產品出貨量就增長了38％，市場份額由此攀升到了第二名；戴爾伺服器的出貨量上升了33％，成爲同行業廠商中的佼佼者；過去四個季度的營業額高達四十七億美元。而在最佳網路商店的評選中，戴爾在電腦類網路站點中名列前矛。

戴爾的直銷模式，省去了分銷商、批發商和零售商的多重周折，使得戴爾公司實現了集生產和銷售活動於一體的經營模式。

顧客也可以越過中間管道，直接從戴爾公司購買產品，這種銷售模式，使得戴爾的產品很快就在顧客群中建立起了一種獨特性，許多顧客都「迷戀」上了戴爾的這種獨特性。

在市場經濟日益全球化的今天，管道「瘦身」已經成爲發展的必然。贏得管道，便是贏得終端，決勝終端業已證明是時代進步的必然結果。因爲，贏得了終端，便能更爲有效地接近消費者。只有接近消費者的企業，才能在激烈競爭的市場大潮中，永遠立於不敗之地。

爲了確保管道效率，迅速掌握消費者資訊，提高品牌形象和服務質量，TCL 致力於建立自己的銷售網路。然而，隨著產品向全國範圍鋪開，公司的銷售網路越鋪越大，在高峰時期，公司擁有多達一萬二千人的銷售隊伍。

可想而知，銷售的成本急升，而銷售管道效率卻受到了嚴重的挑戰。一九九六年，公司開始了管道的「精耕細作」，對各地區的人口和消費水平進行調查統計，將銷售指標和經銷商數量建立在科學的基礎之上，提高單位銷售量。

二〇〇〇年，TCL 進行了聲勢浩大的「管道瘦身」運動，裁減分公司和分支機構的數目，並將銷售中心下移，使公司能夠更好的控制銷售終端。TCL 還花費三億元人民幣的鉅資，開發了企業資源規劃系統（ERP），行銷管理是其中的重要模組。有了該系統的支援，公司可以即時瞭解全國各地的銷售狀況，並能根據資料做出快速決策，大大提升了管道效率。生產廠家必須根據市場需求，決定自己的生產活動，而要想瞭解市場需求，把握市場走向，必須盡可能地瞭解消費者，管道在這一方面的作用是無法替代的，在市場消費需求多變的今天，傳統的行銷管道的「低效、高成本」，已經不能適應快速發展的需求，企業必須打破傳統的管道，對管道進行瘦身，壓縮一切不必要的中間環節，盡可能地貼近消費者，才能把握消費動向，把握市場。

6 減少不必要的廣告支出

廣告運動是一場高智力活動，它要求廣告策劃正確、周密、系統，絲絲入扣、環環相依，任何一點疏漏都會降低廣告的效果，增加廣告投入的浪費。

一位著名的廣告人曾經說過，我的廣告費一半都浪費了，但我不知道浪費到哪裡去了。廣告的浪費，是一種盲目和瘋狂的浪費。說它盲目，是不知道自己的目標群和目標市場之所在，不管三七二十一，眉毛鬍子一把抓，天女散花式的投放廣告，能撈多少是多少；說它瘋狂，是賭徒式投放廣告，或者廣告鋪天蓋地、輪番轟炸，或者不惜血本，請個超級明星，拍幾個廣告片，勇奪標王等等，企圖一擊而成。雖然有的企業獲得了成功，但更多的是失敗者給我們的警示。廣告眞的需要這樣投放才能取得成功嗎？廣告的盲目和瘋狂無異於自殺。

投放廣告對產品行銷來說是再正常不過的，有投入才會有產出。然而廣告的投放也是一門學問，但很多人對廣告投放的認識，卻仍然停留在比較「粗放」的階段。正是由於這種「粗放」，造成了許多企業浪費了巨大的廣告費用而不自知，甚至還感覺良好。以下是幾種常見的「粗放」式投放廣告的情況。

缺乏計畫。有些公司由各區域市場全權決定廣告發佈的內容、媒體、時間和規模等，理由是更瞭解當地市場。我們不否認各地的消費習俗存在差別，但也不能無限擴大這種差別。找出滿足各地市場的共性，並不是一件很困難的事情，當然，有時稍做調整是必要的，但那也只能是「稍做調整」。在眾多成功的大品牌中，有哪一個是按企業的整體方案和策略而各自爲政的呢？

不能在宏觀上從全局的高度來發佈廣告，很容易會表現出明顯的弊端：

1.目的性不強、目標不明確；投放之前沒有預測，投放之後沒有評估，隨意性強；前後不一致，整體不統一，今天這樣一個說法，明天另外一個說法，自己都弄不清到底要向消費者傳達什麼。

2.缺乏組織性。不吸取經驗，不知道哪一版廣告效果好、哪一版廣告效果差，已經被驗證效果不好的廣告，仍在各地投放，而效果好的卻往往不被使用。著名的諮詢公司麥肯錫有一條工作原則：「不要重新發明輪子」，不斷的驗證已經得出結論的東西，無異於不停地「重新發明輪子」，不僅是無用功，也是時間和資金的浪費。

3.各區域人員水平參差不齊，能否成功，對個人依賴性較強，往往是「因一人興邦，因一人誤國」。

過多的試一試。現在許多企業在全面啓動市場前，往往會選一個或幾個區域市場做試點，這是一種穩健的做法。但經常會有些沒有被選爲試點的市場按捺不住，總想在試點市場還未得出結論前，全面啓動市場，這會有很大的風險，是一種不成熟和不清楚行銷的目的表現，行銷人必須明白：在如今的市場上，盲目的投入，成功的可能性是零。我們必須懂得：暫時按兵不動有時是最好的策略。

對一些明顯不太可行或意義不大的方案，有人以爲數額小，試一下，即使損失也無所謂。常聽見這樣的說法：「我這個方案預算也不高，就讓我試一下吧。」三國時的劉備說過一句話：「勿以惡小而爲之，勿以善小而不爲」。今天試一下損失幾萬，明天試一下損失幾萬，你這裏試幾萬下去，他那裏試幾萬下去。一年下來，全國各地，數百萬的費用就無聲無息地消失了。測試廣告的效果不是不可以進行，但必須在一段時間內，在指定的一個或幾個區域。

遍地開花似的投放。孫子說：「我專而敵分，我專爲一，敵分爲十，是以十攻其一也，則我眾而敵寡，能以眾而擊寡者，則吾之所與戰者約矣。」毛主席說：「集中優勢兵力，個個消滅敵人；傷其十指，不如斷其一指。」馬克思說：「戰略之奧妙在於集中兵力。」這些先賢們如此一致地意識到「集中兵力」的重要性。

現在的行銷，越來越講究整合的效果，零零星星的投入，對消費者心理無法形成有效的衝擊，「集中兵力」式的投放是明智的策略。如果現有的資金不足以投向全國，那麼可以只投向一個省，如果不足以投向一個省，那麼可投向一個市，如果不足以投向一個市，那麼投向一個縣，千萬不要遍地開花。

廣告投放好比燒開水，十分鐘可以把水從二十攝氏度燒熱到九十九攝氏度，再有一分鐘就可以達到一百攝氏度的沸點了，可惜很多企業在第八分鐘，甚至在第十分鐘時停止加熱了，沒有堅持到最後的第十一分鐘，結果使前期的廣告費白白浪費掉了。

廣告是一種連續性的投資行爲。只有長久的廣告累積品牌認知，方能獲得消費者良好的記憶，進而取得其信賴，廣告要「細水長流」，全力以赴敲開市場之門後，還須採用多種宣傳方式，不斷地保持對消費者的衝擊力，要準備打一場「永久戰」，惟有如此，廣告的累積效應才越發光彩四溢。

除了廣告策略方面的浪費外，廣告浪費的另一個主要方面，表現在媒體購買價格方面。同一個媒體的價格，有的企業拿下來是三折、四折甚至更低，有的企業拿下來卻是六折、七折甚至更高，聽起來很讓人吃驚，但這確確實實存在。媒體購買的浪費，是行銷過程中最明顯的浪費，也是最不值得的浪費，多出來的這些費用，不會給企業增加任何的效益。

媒體價格逐年上漲，媒體的收視、收聽或閱讀卻是逐年被分流（隨便哪個城市，都可以收到至少三、四十個電視頻道，廣播也十幾個台，有的地方報紙有時能出到一百個版面），這是行銷成本增加、效果降低的最直接的原因之一。和媒體所能產生的效果相比，昂貴的價格幾乎達到了令一般企業無法接受的程度。

媒體方面節約十萬元，就意味著多出十萬元的盈利，媒體價格的高低，影響著投入產出是否合理，影響著盈虧平衡，影響著市場部是否可以生存。

現今流行一種說法，叫做「不做廣告等死，做廣告找死！」，其實這是一種誤解。事實上，廣告只是我們企業贏取市場利潤的行銷工具之一而已，而工具是沒有好壞之分的，其效果在於企業如何合理有效地使用它。廣告浪費肯定是有的，但要儘量浪費的少，要精確謀劃，讓每一分錢都發揮出應有的作用。

國家圖書館出版品預行編目資料

勤儉節約：微利時代的賺錢哲學 / 高占龍著. -- 1版. -- 新北市：華夏出版有限公司, 2022.10
面； 公分. -- （Sunny 文庫；270）
ISBN 978-626-7134-54-2（平裝）
1.CST：成本控制 2.CST：利潤

494.76 111013625

Sunny 文庫 270
勤儉節約：微利時代的賺錢哲學

著 作 高占龍
印 刷 百通科技股份有限公司
電話：02-86926066 傳真：02-86926016
出 版 華夏出版有限公司
220 新北市板橋區縣民大道 3 段 93 巷 30 弄 25 號 1 樓
電話：02-32343788 傳真：02-22234544
E-mail： pftwsdom@ms7.hinet.net
總 經 銷 貿騰發賣股份有限公司
新北市 235 中和區立德街 136 號 6 樓
電話：02-82275988 傳真：02-82275989
網址：www.namode.com
版 次 2022 年 10 月 1 版
特 價 新台幣 360 元（缺頁或破損的書，請寄回更換）

ISBN：978-626-7134-54-2